谨以此书献给我亲爱的母亲甄珠辉

《现代数学基础丛书》编委会

主　编：杨　乐
副主编：姜伯驹　李大潜　马志明
编　委：（以姓氏笔画为序）
　　　　王启华　王诗宬　冯克勤　朱熹平
　　　　严加安　张伟平　张继平　陈木法
　　　　陈志明　陈叔平　洪家兴　袁亚湘
　　　　葛力明　程崇庆

中国科学院科学出版基金资助出版

现代数学基础丛书·典藏版 124

代数模型论引论

史念东 著

科学出版社
北京

内容简介

本书是代数模型论的一本入门书. 第一章介绍代数模型论所需要的模型论的基础知识. 第二章至第九章分别介绍代数模型论各主要领域在近二三十年来国外的主要研究成果和研究方法, 其中包括代数闭域、实闭域、线性序和偏序结构的模型论等. 最后一章介绍可计算模型论. 本书起点较低, 具备数学系二、三年级知识的读者即可阅读, 并具自完备性, 以方便阅读. 本书终点较高, 可引导具有数理逻辑基础知识的读者进入国际上的研究前沿. 各章末均附有习题, 以助读者深入理解本书内容.

本书可供高等院校数学、逻辑、哲学以及计算机科学等专业高年级本科生、研究生、教师和相关的科学研究工作者参考, 也可作为相关专业研究生的教科书.

图书在版编目(CIP)数据

代数模型论引论/史念东著. —北京: 科学出版社, 2011
(现代数学基础丛书·典藏版; 124)
ISBN 978-7-03-032408-5

Ⅰ. ①代⋯ Ⅱ. ①史⋯ Ⅲ. ①模型论 Ⅳ. ①O141.4

中国版本图书馆 CIP 数据核字 (2011) 第 193303 号

责任编辑: 赵彦超 吕 虹 / 责任校对: 钟 洋
责任印制: 徐晓晨 / 封面设计: 陈 敬

科学出版社 出版
北京东黄城根北街 16 号
邮政编码: 100717
http://www.sciencep.com

北京厚诚则铭印刷科技有限公司 印刷
科学出版社发行 各地新华书店经销

*

2011 年 10 月第 一 版　　开本: B5(720×1000)
2024 年 1 月 印 刷　　印张: 11
字数: 207 000
定价: 68.00 元
(如有印装质量问题, 我社负责调换)

《现代数学基础丛书》序

对于数学研究与培养青年数学人才而言,书籍与期刊起着特殊重要的作用. 许多成就卓越的数学家在青年时代都曾钻研或参考过一些优秀书籍,从中汲取营养,获得教益.

20 世纪 70 年代后期,我国的数学研究与数学书刊的出版由于文化大革命的浩劫已经破坏与中断了 10 余年,而在这期间国际上数学研究却在迅猛地发展着. 1978 年以后,我国青年学子重新获得了学习、钻研与深造的机会. 当时他们的参考书籍大多还是 50 年代甚至更早期的著述. 据此,科学出版社陆续推出了多套数学丛书,其中《纯粹数学与应用数学专著》丛书与《现代数学基础丛书》更为突出,前者出版约 40 卷,后者则逾 80 卷. 它们质量甚高,影响颇大,对我国数学研究、交流与人才培养发挥了显著效用.

《现代数学基础丛书》的宗旨是面向大学数学专业的高年级学生、研究生以及青年学者,针对一些重要的数学领域与研究方向,作较系统的介绍. 既注意该领域的基础知识,又反映其新发展,力求深入浅出,简明扼要,注重创新.

近年来,数学在各门科学、高新技术、经济、管理等方面取得了更加广泛与深入的应用,还形成了一些交叉学科. 我们希望这套丛书的内容由基础数学拓展到应用数学、计算数学以及数学交叉学科的各个领域.

这套丛书得到了许多数学家长期的大力支持,编辑人员也为其付出了艰辛的劳动. 它获得了广大读者的喜爱. 我们诚挚地希望大家更加关心与支持它的发展,使它越办越好,为我国数学研究与教育水平的进一步提高做出贡献.

杨 乐

2003 年 8 月

前　言

　　本书供学习和研究数理逻辑之用. 数理逻辑与代数、几何等一样, 是数学的一个分支, 它的全名应该是数学理论逻辑. 而通常认为数理逻辑包括四大论: 集合论、模型论、可计算性理论 (过去称作递归论) 和证明论. 本书是关于模型论的一本书.

　　自从稳定性理论出现以后, 模型论发展到所谓近代模型论的时代 (就像优先方法运用于可计算性理论, 力迫法运用于集合论使它们进入近代数理逻辑一样). 而在近代模型论的发展中, 主要是在美国, 又形成了所谓东海岸学派 (East Coast School) 和西海岸学派 (West Coast School). 前者以耶鲁大学 Robinson, Macintyre 等为代表, 将模型论的理论运用到具体的各个数学领域, 尤其是代数、代数几何等, 有针对性和特殊性地进行模型论的研究, 有人称之为代数模型论或数学结构模型论. 而后者以加州大学伯克利分校、康乃尔大学、威斯康辛大学麦迪森分校为代表, 主要的数理逻辑学家有 Lachlan, Shelah, Morley 等. 他们研究模型论的基本理论, 考察所有模型和它们的理论的共有特征, 所以有人称之为抽象模型论. 20 世纪 90 年代开始, 有些模型论学家试图将两者结合起来研究, 其中代表性的人物是 Hrushovski 和 Pillay 等, 并有很好的结果. 比如 Hrushovski 就用模型论函数域的方法给出了多年前代数学家提出的 Mordell-Lang 猜想的一般性证明.

　　作者于 20 世纪 80 年代在美国伊利诺伊大学芝加哥分校学习, 期间 Marker 教授 (Macintyre 的学生) 系统地讲授了代数模型论的各个领域. 作者的指导教授 Baldwin(Lachlan 的学生) 在抽象模型论以及稳定性理论方面多有建树, 他系统地讲授了他的专著 *Fundamentals of Stability Theory*. 因此作者有幸对这两个学派的工作均有所了解.

　　作者在学成之后, 任教于美国宾州一所州立大学, 在教学之余继续从事数理逻辑模型论的研究工作, 因此也基本了解模型论近年来主要的新进展. 自 1999 年开始, 作者利用暑假时间, 回国在北京师范大学、南京大学等校讲学, 后任北京师范大学数学系兼职教授. 前几年主要讲授模型论稳定性和单纯性理论, 即所谓抽象模型论. 讲稿后经整理成书, 于 2004 年由科学出版社出版, 名为《稳定性和单纯性理论》. 从 2002 年开始, 作者主要讲授的内容是代数模型论近年来的新发展和新成果. 本书是根据这些讲稿整理而成, 其中也包括了作者和国内数理逻辑工作者在这方面的某些研究成果. 对代数模型论有兴趣的读者可以将本书作为一本入门书.

本书第一章罗列了其他各章所需的模型论的基本知识, 包括稳定性理论的初步知识, 是专为对这一方面不太熟悉的的读者预备的. 如果已经有了这一方面的知识, 可以略去. 本书以下各章分别讲述各个代数结构的模型论, 它们既具有相对的独立性, 也有一定的联系. 读者并不一定要读完前面的章节才能读后面的内容.

作者在将讲稿整理补充成书的过程中, 得到了北京师范大学沈复兴教授的热情鼓励, 在此深表谢意. 中国科学院科学出版基金对本书出版提供了资助, 科学出版社的责任编辑为本书作了大量的编辑和修改工作. 此外, 对于杨攸君女士对作者的鼓励和理解, 并在工作之余为本书打印了全部手稿, 也在此致谢.

北京师范大学沈复兴教授、陈磊教授以及数理逻辑专业的研究生傅莺莺、徐士永、随建宝、莫单玉、赵国兴、贾清健、王慎玲, 在他们的讨论班中对初稿进行了研讨并提出了宝贵的意见, 在此一并致谢.

本书各章节多由有关专著及近期发表在有关刊物上的研究论文压缩而成, 在材料的取舍、内容的精简方面, 限于作者的水平, 难免失当, 敬请专家和读者不吝指出, 当感谢不尽.

史念东

美国宾州州立东斯特拉斯堡大学

(E. Stroudsburg University of Pennsylvania)

2010 年 7 月

目 录

《现代数学基础丛书》序
前言

第一章 模型论的预备知识 ··· 1
   §1.1 数学结构及其理论 ··· 1
   §1.2 素模型和初等子模型 ··· 4
   §1.3 模型的同构和 Morley 范畴性定理 ··· 6
   §1.4 理论的完全性和模型完全性 ··· 8
   §1.5 量词可消去 ··· 10
   §1.6 量词可消去的判定法 ··· 22
   §1.7 型, 完备公式和孤立型 ··· 28
   §1.8 稳定性理论简介 ··· 31
   习题一 ·· 32

第二章 代数闭域 ·· 33
   §2.1 代数闭域的完全性和可判定性 ··· 33
   §2.2 代数闭域的量词可消去 ··· 38
   §2.3 Zariski 闭集和可构成集 ··· 39
   §2.4 代数闭域的强极小性 ··· 43
   §2.5 代数闭域的映像可消去 ··· 45
   习题二 ·· 48

第三章 实闭域 ·· 49
   §3.1 实代数简介 ··· 49
   §3.2 实域 ··· 51
   §3.3 实闭域 ··· 53
   §3.4 半代数集和单元的可分解性 ··· 56
   §3.5 实闭域中的根式理想 ··· 62
   习题三 ·· 63

第四章 p-进位域 ··· 65
   §4.1 绝对值和赋值 ·· 65

§4.2 有理数集的赋值 · 68

§4.3 p-进位闭域 · 71

§4.4 $\mathbb{Q}_p$ 上的连续性和导数 · 72

§4.5 $\mathbb{Q}_p$ 的可定义集和量词可消去 · 74

§4.6 p-进位域乘法的可定义性 · 75

习题四 · 80

第五章 微分闭域 · 81

§5.1 微分代数 · 81

§5.2 微分闭域 · 86

§5.3 微分闭域的映像可消去 · 88

§5.4 线性微分方程 · 92

§5.5 微分闭域中的型 · 93

习题五 · 95

第六章 强极小集及其几何 · 96

§6.1 强极小集及其性质 · 96

§6.2 准几何和几何 · 99

习题六 · 102

第七章 线性序结构 · 103

§7.1 线性序结构的可定义集和 o-极小性 · 103

§7.2 o-极小结构 · 104

§7.3 强 o-极小理论素模型的存在和唯一性 · 108

习题七 · 114

第八章 偏序结构 · 115

§8.1 偏序结构 · 115

§8.2 树结构 · 117

§8.3 Boole 代数和 o-极小性 · 118

§8.4 Stone 代数的可定义集 · 121

习题八 · 128

第九章 可分闭域 · 129

§9.1 可分闭域 · 129

§9.2 可分闭域的理论 · 130

§9.3 可分闭域的稳定性 · 133

§9.4　可分闭域的映像可消去 …………………………………… 137
习题九 …………………………………………………………… 139

第十章　可计算模型论简介 ………………………………………… 140
　　§10.1　模型论及其概念的可计算化 …………………………… 140
　　§10.2　完全性定理的可计算化 ………………………………… 145
　　§10.3　可判定性和模型 ………………………………………… 146
　　§10.4　有可计算素模型的强极小理论 ………………………… 148
　　习题十 …………………………………………………………… 152

参考文献 …………………………………………………………………… 153
汉英名词对照表 …………………………………………………………… 157
《现代数学基础丛书》已出版书目 ……………………………………… 160

第一章 模型论的预备知识

数理逻辑是现代数学的一个分支,它是用形式逻辑的思想方法来研究数学中的推理等逻辑问题,同时也是用数学的符号、公式和形式来研究形式逻辑,所以也称作符号逻辑. 由于数学推理的严格和表达方式的明确,因此数理逻辑在近代有了很大的发展. 数理逻辑包含了很多分支, 主要的分支可以称作四大论, 即模型论、证明论、集合论和递归论 (又称可计算理论).

在 20 世纪 60 年代和 70 年代, 数理逻辑有几个比较关键性的发展. 在集合论, Cohen (1934~2007) 于 1963 年成功地证明了连续统假设和集合论的 Zermalo-Frankel 公理系统 (ZFC 公理系统) 是独立的. 在递归论, Sacks 和他的学生们创立了所谓优先方法 (priority method), 从而获得了一大批的结果. 而在模型论, Shelah 等引入了稳定性理论. 以后强极小和序极小概念也被相继引出. 模型论的发展大致可以分为两个方向. 一个是所谓抽象模型论, 人们只专注于研究数学模型和它们的理论的共有的逻辑性质和特征, 比如满足什么条件的理论是稳定的理论、超稳定的理论、ω-稳定的理论, 以及理论的范畴性与理论的可数模型之间的关系等等.

另一个方向是所谓代数模型论. 它将模型论的一般理论应用到多个具体的数学结构中, 比如群、实闭域、代数闭域等等, 从而得出各个不同的代数模型及其理论所特有的性质. 例如代数闭域的理论是强极小的, 实闭域的理论是序极小的, 等等.

在这一章中我们介绍一般模型论的基本知识, 为以后各章做好预备.

§1.1 数学结构及其理论

在数理逻辑中, 数学结构又称作数学模型, 或简称模型. 比如有限群、实数域、代数闭域, 或者一个无穷图, 等等. 严格来说, 一个模型就是一个非空集合连同定义在这个集合上的关系和函数, 有时还包括常数. 而这些关系, 函数和常数就是某一个形式语言 $\mathcal{L}$ 中的关系符、函数符和常数符在这个模型中的解释. 这样一个模型 $\mathcal{M}$ 就可以表示为

$$\mathcal{M} = \langle M; R_1^M, R_2^M, \cdots, f_1^M, f_2^M, \cdots, c_1^M, c_2^M, \cdots \rangle,$$

这里 M 是一个非空集合, 称作 $\mathcal{M}$ 的域或论域, R_i^M 和 f_i^M 分别是定义在 M 上的关系和函数, 而 c_i^M 是 $\mathcal{M}$ 中的常数项. 模型 $\mathcal{M}$ 的语言 $\mathcal{L} = \langle R_1, R_2, \cdots, f_1, f_2, \cdots, c_1, c_2, \cdots \rangle$. 不过要注意语言中的 R_i, f_i 和 c_i 分别是关系符、函数符和常数符, 而 $\mathcal{M}$ 中的 R_i^M, f_i^M 和 c_i^M 是这些关系符、函数符和常数符在 $\mathcal{M}$ 中的解释. 在不致引起混淆的情况下, 常常略去 R_i^M, f_i^M 和 c_i^M 的上标 M. 有时我们也会将语言 $\mathcal{L}$ 扩充, 比如对应于某集合 $A \subseteq M$ 的每一个元素 a, 在语言 $\mathcal{L}$ 中增加一个相应的常数符 c_a, 这样语言就扩充到 $\mathcal{L}(A) = \mathcal{L} \cup \{c_a : a \in A\}$.

有时, 也会简单地称 $\mathcal{M}$ 是一个模型. 模型 $\mathcal{M}$ 的理论是指在 $\mathcal{M}$ 中为真的 $\mathcal{L}$-语句 (它由 $\mathcal{L}$ 中的关系、函数和常数组成) 的集合. 如果这个模型 $\mathcal{M}$ 的理论 T 包含了所有在 $\mathcal{M}$ 成真的 $\mathcal{L}$-语句, 就记作 $T = \text{Th}(\mathcal{M})$, 称作完全理论.

一个群就是一个数学模型, 可以记作

$$\mathcal{G} = \langle G, \oplus, 0 \rangle,$$

这里 G 是这个群的域, $\oplus$ 是定义在 G 上的一个二元函数, 0 是关于这个函数的恒等元. 每一个群都满足下面的公理:

G_1 $\forall x(x \oplus 0 = 0 \oplus x = x)$.
G_2 $\forall x \exists y(x \oplus y = y \oplus x = 0)$.
G_3 $\forall x \forall y \forall z(x \oplus (y \oplus z) = (x \oplus y) \oplus z)$.

群的理论 T 就是可以从这些公理中推导出来的语句的集合, 亦即这些公理的逻辑后承 (logic consequence) 的集合.

如果 $\mathcal{L}$-公式 φ 是公理 G_3 的逻辑后承, 就记作 $G_3 \vdash \varphi$, 或者 $T \vdash \varphi$. 这时也说 φ 可从 T 推出.

又如稠密无终点线性序的理论, 常记作 DLO, 即为下面的公理以及它们的后承的集合 ($\text{DLO}_1 \sim \text{DLO}_3$ 为线性序公理):

DLO_1 $\forall x(x \not< x)$.
DLO_2 $\forall x \forall y(x < y \vee x = y \vee y < x)$.

§1.1 数学结构及其理论

DLO$_3$ $\forall x \forall y \forall z(x<y \wedge y<z \to x<z)$.
DLO$_4$ $\forall x \forall y(x<y \to \exists z(x<z<y))$.
DLO$_5$ $\forall x \exists y \exists z(y<x<z)$.

显然, 有理数集连同通常意义下的二元关系小于 "<" 组成的数学结构 $(\mathbb{Q}, <)$ 就是这个理论的一个可数模型, 因为它可满足以上所有的公理, 所以也满足这些公理的后承. 我们用 $(\mathbb{Q}, <) \models$ DLO 来表示 $(\mathbb{Q}, <)$ 是理论 DLO 的一个模型. 它也是一个可数模型. 另外, 实数集加上小于 "<", 即 $(\mathbb{R}, <)$ 也是 DLO 的一个模型, 不过它是 DLO 的一个不可数模型.

下面我们给出更多的理论和模型的例子.

1. 图. 图的语言 $\mathcal{L} = \{R\}$, 这里 R 是一个二元关系. $R(x, y)$ 在一个图中解释为有一边连接顶点 x 和顶点 y. 如果我们将图限制为不包含 "圈" 的图, 即没有从顶点到自身的边. 那么图的理论包含以下公理:

$$\forall x \neg R(x, x),$$
$$\forall x \forall y (R(x, y) \to R(y, x)).$$

第一条公理表示图中不存在圈, 即不满足自反性. 第二条公理是说如有一边从顶点 x 到顶点 y, 那也就有一边从 y 到 x, 即满足所谓的对称性, 亦即这里图是指双向图. 图的理论的模型就是一个图 $\mathcal{G} = (V, R)$, 这里 V 是顶点集, R 是定义在 V 上的二元关系 "边".

2. 线性序 Abel 群. 它的语言 $\mathcal{L} = \{+, <, 0\}$, 这里 "+" 是二元函数符, "<" 是二元关系符, "0" 是常数符. 线性序 Abel 群的理论的公理是

A Abel 群的公理 (即群的公理加上可交换公理 $\forall x \forall y (x + y = y + x)$).
B 线性序的公理.
C $\forall x \forall y \forall z (x < y \to x + z < y + z)$.

整数集就是这个理论的一个模型. 在这个模型里, 二元函数符 + 解释为通常的加法, 二元关系符 "<" 解释为整数集上通常的序关系, 而常数符 0 解释为整数 0, 它是这个线性序 Abel 群的恒等元.

3. 域. 它的语言 $\mathcal{L} = \{+, \cdot, 0, 1\}$. 它的公理是 Abel 群的公理加上以下几条:

$$\forall x \forall y \forall z(x \cdot (y \cdot z) = (x \cdot y) \cdot z),$$
$$\forall x \forall y \forall z(x \cdot (y + z) = x \cdot y + x \cdot z),$$
$$\forall x \forall y \forall z((x + y) \cdot z = x \cdot z + y \cdot z),$$
$$\forall x(x \cdot 1 = 1 \cdot x = x),$$
$$\forall x \exists y(x = 0 \vee x \cdot y = 1).$$

4. 微分域. 它的语言 $\mathcal{L} = \{+, \cdot, 0, 1, D\}$. 它的公理是域的公理加上有关一元函数 D 的公理:
$$\forall x \forall y(D(x + y) = D(x) + D(y)),$$
$$\forall x \forall y(D(x \cdot y) = x \cdot D(y) + y \cdot D(x)).$$

以上这些例子是数学中几个常见的理论. 其中有一些在以下的章节中要较详细地研究, 也会引出更多的理论的例子.

这里要介绍与理论有关的一个符号. 前面说过, 一个理论 T 就是由它的公理及其后承组成的语句集. 而其中由全称量词 $\forall$ 开始的语句称为全称语句. 所有全称语句的集合记作 $T_\forall$. 可以证明, $T_\forall$ 的模型是 T 的一个模型的子模型.

如果一个数学模型 $\mathcal{M}$ 是理论 T 的模型, 记作 $\mathcal{M} \vDash T$. 显然, 如果 θ 是 T 的公理, 则 $\mathcal{M} \vDash \theta$. 如果公式 φ 在 T 的某个模型中成真, 则记作 $T \vDash \varphi$.

下面我们要给出一个重要的定理, 但略去它的证明. 它可以在任何一本模型论教材中找到.

定理 1.1.1 (Gödel 完全性定理) 设 T 是一个 $\mathcal{L}$-理论, φ 是一个 $\mathcal{L}$-语句, 则 T 可推出 $\varphi(T \vdash \varphi)$ 当且仅当 φ 在 T 的某个模型中成真 $(T \vDash \varphi))$.

§1.2 素模型和初等子模型

在前一节介绍了理论和模型的定义和例子. 在本节中要引入几个关于模型的重要概念.

定义 1.2.1 设语言 $\mathcal{L} = \{R_i : i \in \omega; f_j : j \in \omega; c_k : k \in \omega\}$, 这里 R_i 是关系符, f_j 是函数符, c_k 是常数符. 又设 $\mathcal{M}$ 是语言 $\mathcal{L}$ 中的一个模型, 即 $\mathcal{M} = \langle M, R_i^M; f_j^M; c_k^M : i, j, k = 1, 2, \cdots \rangle$. 类似地, $\mathcal{N} = \langle N, R_i^N, f_j^N, c_k^N : i, j, k = 1, 2, \cdots \rangle$

§1.2 素模型和初等子模型

也是语言 $\mathcal{L}$ 中的一个模型. 如果 $N \subseteq M$, $R_i^N = R_i^M \cap N$, $f_j^N = f_j^M \upharpoonright N$, $c_k^N = c_k^M \cap N$, 则称 $\mathcal{N}$ 是 $\mathcal{M}$ 的子模型 (submodel), 亦称模型 $\mathcal{M}$ 是 $\mathcal{N}$ 的膨胀 (extension).

定义 1.2.2 如果模型 $\mathcal{N}$ 是模型 $\mathcal{M}$ 的子模型, 并且对于它们语言 $\mathcal{L}$ 中的任意公式 $\varphi(\bar{x})$, 以及任意的 $\bar{a} \in N$, 有 $\mathcal{N} \vDash \varphi(\bar{a})$ 当且仅当 $\mathcal{M} \vDash \varphi(\bar{a})$, 则称 $\mathcal{N}$ 是 $\mathcal{M}$ 的初等子模型 (elementary submodel), 亦称 $\mathcal{M}$ 是 $\mathcal{N}$ 的初等膨胀 (elementary extension). 上述模型 $\mathcal{N}$ 和 $\mathcal{M}$ 的关系记作 $\mathcal{N} \preccurlyeq \mathcal{M}$.

定义 1.2.3 假如 $\mathcal{M}$ 和 $\mathcal{N}$ 是语言为 $\mathcal{L}$ 的两个模型, $N \subseteq M$. 而 f 是由 N 到 M 内的一个映射. 而且, 对于 $\mathcal{L}$ 的任意公式 $\varphi(\bar{x})$ 和 $\bar{a} \in N$, 都有 $\mathcal{N} \vDash \varphi(\bar{a})$ 当且仅当 $\mathcal{M} \vDash \varphi(f(\bar{a}))$, 则称 f 是一个初等映射 (elementary mapping), 或初等嵌入 (elementary embedding), 并称 $\mathcal{N}$ 可通过 f 初等嵌入到 $\mathcal{M}$.

容易看出, 如果 $f: N \to M$ 是一个初等嵌入, 则 f 的像 $f(N)$ 是 $\mathcal{M}$ 的一个初等子模型.

前面提到 $(\mathbb{Q}, <)$ 和 $(\mathbb{R}, <)$ 都是线性无端点稠密序的两个模型, $(\mathbb{Q}, <)$ 是 $(\mathbb{R}, <)$ 的子模型. 而且, $(\mathbb{Q}, <)$ 还是 $(\mathbb{R}, <)$ 的初等子模型, $(\mathbb{Q}, <)$ 可初等嵌入到 $(\mathbb{R}, <)$.

定义 1.2.4 如果 $\mathcal{M}, \mathcal{N}$ 是语言为 $\mathcal{L}$ 的两个模型. 对于任意 $\mathcal{L}$-公式 $\varphi(\bar{x})$, 存在 $\bar{a} \in M$, 满足 $\mathcal{M} \vDash \varphi(\bar{a})$ 当且仅当存在 $\bar{b} \in N$ 满足 $\mathcal{N} \vDash \varphi(\bar{b})$, 则称模型 $\mathcal{M}$ 和 $\mathcal{N}$ 是初等等价的, 并记作 $\mathcal{M} \equiv \mathcal{N}$. 显然, 如果 $\mathcal{M} \preccurlyeq \mathcal{N}$, 且 $\mathcal{N} \preccurlyeq \mathcal{M}$, 则 $\mathcal{M} \equiv \mathcal{N}$.

又如果 $f: N \to M$ 是一个初等嵌入, 则 $\mathcal{N}$ 和它在 f 下的像 $f(N)$ 是初等等价的, 亦即 $\mathcal{N} \equiv f(\mathcal{N})$.

定义 1.2.5 假定 $\mathcal{A}$ 是语言为 $\mathcal{L}$ 的一个模型, 并且 $\mathcal{A}$ 可初等嵌入到理论 $T = \mathrm{Th}(\mathcal{A})$ 的一切模型中, 则称 $\mathcal{A}$ 是理论 T 的素模型 (prime model).

可以证明, 如果模型 $\mathcal{A}$ 可初等嵌入到 $\mathrm{Th}(\mathcal{A})$ 的一切可数模型中, 则 $\mathcal{A}$ 就是它的素模型.

前面提到模型 $(\mathbb{Q}, <)$ 的完全理论 $T = \mathrm{Th}(\mathbb{Q}, <)$, 就是无端点稠密线性序的理论. $(\mathbb{Q}, <)$ 即是 T 是素模型, 因为它可初等嵌入到 T 的一切模型中.

从某种意义上说, 素模型就是它的完全理论的 "最小" 的模型. 而相对于它的,

就是所谓 "最大" 的模型.

设 $\mathcal{M}$ 是语言为 $\mathcal{L}$ 的一个可数模型, $A \subseteq M$. 如果将语言 $\mathcal{L}$ 膨胀到 $\mathcal{L}_A = \mathcal{L} \cup \{c_a : a \in A\}$, 那么 $\mathcal{M}^A = (\mathcal{M}, a)_{a \in A}$ 就是 $\mathcal{M}$ 的一个膨胀 (expansion, extension).

定义 1.2.6 如果 $\mathcal{M}$ 是可数模型, 且对于任意有限的 $A \subseteq M$, $\mathrm{Th}(\mathcal{M}^A)$ 的每一个公式集 $\Gamma(\bar{x}, \bar{a})$ 均可在 $\mathcal{M}^A$ 中实现 (realize), 亦即存在 $\bar{c} \in M$, 使得 $\mathcal{M}^A \vDash \Gamma(\bar{c}, \bar{a})$, 则称 $\mathcal{M}$ 是可数饱和模型, 或 ω-饱和模型 (ω-saturated model). $(\mathbb{Q}, <)$ 就是一个 ω-饱和模型. 对于无穷不可数基数 κ, 也可以类似地定义 κ-饱和模型.

下面的定理对以后有用. 我们只列出结果而略去证明.

定理 1.2.7 假定 $\mathcal{M}$ 是 $\mathcal{N}$ 的一个子模型, $\bar{a} \in M$, $\varphi(\bar{x})$ 是无量词公式, 那么 $\mathcal{M} \vDash \varphi(\bar{a}) \Leftrightarrow \mathcal{N} \vDash \varphi(\bar{a})$.

§1.3 模型的同构和 Morley 范畴性定理

在本节中我们要讨论两个模型的同构问题. 先给出以下定义.

定义 1.3.1 假如 $\mathcal{A}$ 和 $\mathcal{B}$ 是语言 $\mathcal{L}$ 上的两个模型, 如果存在从 A 到 B 上的一一在上的函数 f(双射) 满足以下条件, 则称 $\mathcal{A}$ 和 $\mathcal{B}$ 同构:

1) 对于一切 $\mathcal{A}$ 的 n 元关系 R 和 $\mathcal{B}$ 中相应的关系 R', 以及一切 A 中的 $x_1, \cdots, x_n$, 有 $R(x_1, \cdots, x_n)$ 当且仅当 $R'(f(x_1), \cdots, f(x_n))$;

2) 对于一切 $\mathcal{A}$ 中的 n 元函数 g 以及 $\mathcal{B}$ 中相应的函数 g', 以及一切 A 中的 $x_1, \cdots, x_n$, 有 $f(g(x_1, \cdots, x_n)) = g'(f(x_1), \cdots, f(x_n))$;

3) 对于一切 A 中的元素 x 和 B 中相应的元素 x', 有 $f(x) = x'$.

注意: 1. 如果两个模型 $\mathcal{A}$ 和 $\mathcal{B}$ 是同构的, 则 A 和 B 的基数必定是相同的.

2. 如果模型 $\mathcal{M}$ 和 $\mathcal{N}$ 是同构的, 则它们也是初等等价的. 其逆并不成立. 不过如果 $\mathcal{M}$ 和 $\mathcal{N}$ 都是有穷模型, 则这两个概念是等价的.

定义 1.3.2 如果 $\mathcal{L}$-理论 T 的任意两个基数为 κ 的模型都是同构的, 则称理论 T 是 κ-范畴的 (κ-categorical) 或者 T 范畴于 κ. 换言之, 一个理论 T 如果是 κ-范畴的, 那么在同构的意义上 T 只有一个基数为 κ 的模型.

§1.3 模型的同构和 Morley 范畴性定理

下面我们给出一个 $\aleph_0$-范畴的理论的例子.

定理 1.3.3 无终端稠密线性序的理论 DLO 是 $\aleph_0$-范畴的.

证明 假定 $(M, <)$ 和 $(N, <)$ 是两个可数稠密无终端线性序, 我们要用 "向前返后" 构造法递归地在这两个模型间建立一个同构映射 f. 假设 $M = \{a_1, a_2, \cdots\}$, $N = \{b_1, b_2, \cdots\}$.

第 0 步. 设 $M_0 = N_0 = f_0 = \varnothing$.

第 $m = 2n + 1$ 步. 假定 $M_{m-1} \subset M$, $N_{m-1} \subset N$ 和部分同构 $f_{m-1}: M_{m-1} \to N_{m-1}$ 已经建成. 取在 $M - M_{m-1}$ 中的元素 a_m. 我们需要在 $N - N_{m-1}$ 中找出元素 b 并定义

$$f_m = f_{m-1} \cup \{(a_m, b)\}.$$

可能有以下三种情形:

情形 1. a_m 大于 M_{m-1} 中的一切元素. 在这种情况, 由于 N 无终端, 且 $\mathcal{N} \models \text{DLO}$, 故可取 $b \in N - N_{m-1}$ 满足 b 大于 N_{m-1} 中的一切元素. 定义 $M_m = M_{m-1} \cup \{a_m\}$, $N_m = N_{m-1} \cup \{b\}$, $f_m = f_{m-1} \cup \{(a_m, b)\}$.

情形 2. a_m 小于 M_{m-1} 中的一切元素. 因同样理由, 可取 $b \in N - N_{m-1}$ 满足 b 小于 N_{m-1} 中的一切元素. 定义 $M_m = M_{m-1} \cup \{a_m\}$, $N_m = N_{m-1} \cup \{b\}$, $f_m = f_{m-1} \cup \{(a_m, b)\}$.

情形 3. 存在 $\alpha, \beta \in M_{m-1}$, 满足 $\alpha < a_m < \beta$, 而且在 M_{m-1} 中不存在 γ 满足 $\alpha < \gamma < a_m$, 或者满足 $a_m < \gamma < \beta$. 因为 N 是稠密的, 所以可在 $f_{m-1}(\alpha)$ 和 $f_{m-1}(\beta)$ 之间取 b, 即 $f_{m-1}(\alpha) < b < f_{m-1}(\beta)$. 定义 $M_m = M_{m-1} \cup \{a_m\}$, $N_m = N_{m-1} \cup \{b\}$, 以及 $f_m = f_{m-1} \cup \{(a_m, b)\}$.

第 $m = 2n + 2$ 步. 类似地重复以上过程, 不过这次是构造 N_m, M_m 和建立从 N_m 到 M_m 的部分同构 f_m^{-1}.

最后定义 $M = \cup M_i$, $N = \cup N_i$, $f = \cup f_i$, 这就构造了在 M 和 N 间的一个同构. 所以 DLO 是 $\aleph_0$-范畴的理论.

下面的理论均范畴于 $\aleph_1$.

- 仅有无穷模型的语言 $\mathcal{L} = \varnothing$ 的理论.
- 所有元素的阶数均为某个素数 p 的无穷 Abel 群.
- 可除无扭 Abel 群.
- 特征为素数 p 或 0 的代数闭域.
- 数学结构 (ω, S) 的理论 $\text{Th}(\omega)$, 这里 S 为后继函数.

在理论的范畴性的研究上, Morley 给出了第一个有重要意义的结果.

定理 1.3.4 (Morley 范畴性定理) 假设 T 是一个可数完全理论, 如果 T 范畴于某个不可数基数 κ, 则 T 范畴于一切不可数基数.

我们不打算在这里给出它的证明. 有兴趣的读者可参考一本模型论的基础教材 (比如参考文献 [CK]). 这里我们想指出, Morley 范畴性定理依理论的范畴性将所有可数完全理论分为以下四大类:

Ⅰ. 范畴于任意无穷基数的理论.
Ⅱ. 范畴于任意不可数基数但不范畴于 $\aleph_0$ 的理论.
Ⅲ. 范畴于 $\aleph_0$ 但不范畴于任意不可数基数的理论.
Ⅳ. 不范畴于任何无穷基数的理论.

由 Morley 范畴性定理, 在上面给出的 $\aleph_1$-范畴的理论的五个例子也都范畴于一切不可数基数.

在 Morley 给出它的范畴性定理以后, 数理逻辑学家进行了更深入的研究, 提出了更细致的理论分类学说, 比如稳定性理论和单纯性理论的研究. 在本章的最后一节, 要简要地给出它的概况.

我们要在 §1.8 指出当 $\kappa \geqslant \aleph_1$ 时, 如果一个理论 T 是 κ-范畴的, 则 T 是 ω-稳定的, 从而 T 也是超稳定的和稳定的.

§1.4 理论的完全性和模型完全性

定义 1.4.1 如果 T 是一个语言为 $\mathcal{L}$ 的理论. 如果对于一切 $\mathcal{L}$ 语句 φ, $T \vDash \varphi$ 和 $T \vDash \neg\varphi$ 中有一个且仅有一个成立, 那么就称 T 为一个完全的理论 (complete theory).

§1.4 理论的完全性和模型完全性

容易看出, 以下断言是等价的:

1) T 的所有后承的集合是极大相容的 (consistent).
2) T 是一个完全的理论.

这样, 对于任意模型 $\mathcal{M}$, $T = \text{Th}(\mathcal{M})$ 就是一个完全的理论. 下面引出 Robinson 首先提出的一个重要概念.

定义 1.4.2 如果一个理论 T 的任意两个模型 $\mathcal{M}, \mathcal{N}$, 只要 $\mathcal{N}$ 是 $\mathcal{M}$ 的子模型, $\mathcal{N}$ 就是 $\mathcal{M}$ 的初等子模型, 那么就称理论 T 是模型完全的.

在本章后面, 你会发现不是模型完全的理论的例子.

下面我们要稍微深入地讨论这两个完全性以及它们之间的关系. 首先给出理论完全性的一个充分必要条件.

定理 1.4.3 假设 T 是语言为 $\mathcal{L}$ 的一个理论. T 是完全的当且仅当 T 的任意两个模型 $\mathcal{M}, \mathcal{N}$ 都是初等等价的, 即 $\mathcal{M} \equiv \mathcal{N}$.

证明 $\Rightarrow$ 假设 T 是完全理论, $\mathcal{M}, \mathcal{N} \vDash T$. 设 φ 是语言 $\mathcal{L}$ 中的任意一个语句. 如果 $\mathcal{M} \vDash \varphi$, 则 $\varphi \in T$, 因为否则的话 $\neg\varphi \in T$. 因为 $\mathcal{M}$ 是 T 的模型, 所以 $\mathcal{M} \vDash \neg\varphi$, 矛盾. 而由于 $\mathcal{N}$ 是 T 的模型, $\varphi \in T$, 所以 $\mathcal{N} \vDash \varphi$. 同样可证, 如果 $\mathcal{N} \vDash \varphi$ 则 $\mathcal{M} \vDash \varphi$.

$\Leftarrow$ 设 T 的任意两个模型都是初等等价的. 假定 φ 是语言 $\mathcal{L}$ 中的任意一个语句. 由 Gödel 完全性定理, 如果 $T \nvdash \varphi$, 则 $T \cup \{\neg\varphi\}$ 是相容的, 从而有模型 $\mathcal{M} \vDash T \cup \{\neg\varphi\}$, 于是 $\mathcal{M} \vDash \neg\varphi$. 而假如 $\mathcal{N}$ 也是 T 的模型, 则有 $\mathcal{M} \equiv \mathcal{N}$, 所以 $\mathcal{N} \vDash \neg\varphi$, 这样 $T \vdash \neg\varphi$. 矛盾. ∎

下面我们给出完全理论的 Vaught 判别法.

定理 1.4.4 假定一个语言 $\mathcal{L}$ 的理论没有有穷模型, 而且对于某个无穷基数 $\kappa \geqslant |\mathcal{L}|$, T 是 κ-范畴的, 那么 T 是一个完全理论.

证明 反设 T 不是完全理论. 那么就存在 $\mathcal{L}$ 中的语句 φ, $T \nvdash \varphi$ 并且 $T \nvdash \neg\varphi$. 这样 $T_1 = T \cup \{\varphi\}$ 和 $T_2 = T \cup \{\neg\varphi\}$ 都是相容的. 由于 T 没有有穷模型, 所以 T_1 和 T_2 的模型都是无穷模型. 增加 κ 个不同的新常数符将语言 $\mathcal{L}$ 膨胀至 $\mathcal{L}'$. 并设

$T_1^* = T_1 \cup \{c_\alpha \neq c_\beta : \alpha, \beta < \kappa, \alpha \neq \beta\}$, $T_2^* = T_2 \cup \{c_\alpha \neq c_\beta : \alpha, \beta < \kappa, \alpha \neq \beta\}$. 如果 $\mathcal{M}_1 \vDash T_1^*$, $\mathcal{M}_2 \vDash T_2^*$. 那么 $\mathcal{M}_1$ 和 $\mathcal{M}_2$ 的基数都为 κ, 且也都分别是 T_1 和 T_2 的模型. 但由于 $\mathcal{M}_1 \vDash \varphi$, $\mathcal{M}_2 \vDash \neg\varphi$, 所以 $\mathcal{M}_1 \not\equiv \mathcal{M}_2$, 从而 $\mathcal{M}_1 \not\cong \mathcal{M}_2$, 这与 T 是 κ-范畴的矛盾. ∎

在上述判别法中, T 没有有穷模型是重要的. 请看下面的反例. 假设 T 是群的理论, 它的每个元素均有阶数 2. 可以证明对一切 $\kappa \geqslant \aleph_0$ 这个理论是 κ-范畴的, 但是 T 不是完全的, 因为语句

$$\exists x \exists y \exists z (x \neq y \wedge y \neq z \wedge z \neq x)$$

在二元素的群中不成立, 但在 T 的其他模型中成立.

在前一节我们证明了理论 DLO 的范畴性. 由 DLO 的范畴性, 还可以推出以下结论.

推论 1.4.5 DLO 是完全理论.

证明 由 Vaught 判别法立即可得.

当上述 Vaught 判别不能应用时, 下面的定理常可用来判定理论的完全性. 它也指出了一个模型完全的理论在什么情况下就是完全的.

定理 1.4.6 设 T 是一个模型完全的理论, 且存在模型 $\mathcal{M}_0 \vDash T$ 可嵌入 T 的每一个模型, 则 T 是完全的.

证明 设 $\mathcal{M} \vDash T$, $\mathcal{M}_0$ 可嵌入 $\mathcal{M}$, 则由于 T 是模型完全的, 所以这个嵌入是初等嵌入, 从而 $\mathcal{M}_0 \equiv \mathcal{M}$. 这样一来, T 的任意两个模型都是初等等价的. 根据定理 1.4.3, T 是一个完全理论. ∎

§1.5 量词可消去

在一个语言 $\mathcal{L}$ 中的公式, 由于量词的存在而使许多证明和讨论变得复杂甚至无从进行. 因此人们设想是否有一些理论, 它的任何公式均可等价到一个不含量词的公式, 这样我们就只需讨论不含量词的公式. 这样的理论可以称作为量词可消去的理论. 由此可见, 量词可消去在模型论的证明中是应用很广的一种方法. 在本节中我们要较详细地讨论这种方法. 在正式给出定义之前, 先看下面的简单例子.

§1.5 量词可消去

设 $\varphi(a,b,c)$ 为公式 $\exists x(ax^2+bx+c=0)$, 则显然

$$\mathbb{R} \vDash \varphi(a,b,c) \Leftrightarrow [(a \neq 0 \wedge b^2 - 4ac \geqslant 0) \vee (a = 0 \wedge (b \neq 0 \vee c = 0))].$$

但是,
$$\mathbb{C} \vDash \varphi(a,b,c) \Leftrightarrow (a \neq 0 \vee b \neq 0 \vee c \neq 0).$$

不过在有理数集 $\mathbb{Q}$ 中, $\varphi(a,b,c)$ 不可能等价于不含量词的公式. 下面给出量词可消去的正式定义.

定义 1.5.1 称理论 T 是量词可消去的 (quantifier elimination), 假如对于 T 中的任意 $\mathcal{L}$-公式 φ, 存在无量词的 $\mathcal{L}$-公式 ψ, 使得

$$T \vDash \varphi \leftrightarrow \psi.$$

我们首先介绍用定义来直接证明某个理论是量词可消去的方法. 为了简化证明, 先引出下面的引理.

引理 1.5.2 语言为 $\mathcal{L}$ 的理论 T 为量词可消去的当且仅当形为 $\exists x(\alpha_1 \wedge \cdots \wedge \alpha_k)$ 的所有公式量词可消去, 这里 α_i 为 $\mathcal{L}$ 的原子公式或原子公式的否定.

证明 施归纳于公式的量词个数, 由于全称量词可用存在量词代替: $\forall x \varphi \Leftrightarrow \neg \exists x \neg \varphi$. 因此只需施归纳于公式的存在量词个数. 这样如果每一个公式写成析取范式 $\exists x(H_1 \vee \cdots \vee H_k)$, H_i 为 $\alpha_{i1} \wedge \cdots \wedge \alpha_{ij}$, 那么 $\exists x(H_1 \vee \cdots \vee H_k) \equiv \exists x H_1 \vee \cdots \vee \exists x H_k$. ∎

定理 1.5.3 有首元和末元的稠密线性序的理论是量词可消去的. 这个理论的语言 $\mathcal{L} = \{<, 0, 1\}$. 这里 $<$ 在它的模型中的解释就是序关系, 而常数符 0 的解释为首元, 1 的解释为末元.

证明 现将该理论的公理集分类列在下面.

线性序公理: A1 $\forall x \neg(x < x)$.
               A2 $\forall x \forall y (x = y \vee x < y \vee y < x)$.
               A3 $\forall x \forall y \forall z (x < y \wedge y < z \to x < z)$.

稠密性公理: B $\forall x \forall y \exists z (x < y \to x < z < y)$.
关于首元 0 和末元 1 的公理: C1 $\forall x (x = 0 \vee 0 < x)$.

C2　$\forall x(x = 1 \lor x < 1)$.

根据前引理, 只需证明形为

$$\exists x(\alpha_1 \land \cdots \land \alpha_r) \qquad (*)$$

的任意公式均可等价到一个无量词的公式. 这里 α_i 为 $\mathcal{L}$ 中的原子公式或原子公式的否定 (我们可以称之为正负原子公式). 现在考察 α_i 的多种可能形式.

假定 t_1 和 t_2 为语言 $\mathcal{L}$ 中的项, 亦即 0, 1 或变元. α_i 必为 $t_1 < t_2$, $t_1 = t_2$, $\neg(t_1 < t_2)$, 或 $t_1 \neq t_2$.

注意到 $\neg(t_1 < t_2) \equiv t_1 < t_2 \lor t_1 = t_2$(根据公理 A2, 下同),

$$t_1 \neq t_2 \equiv t_1 < t_2 \lor t_2 < t_1.$$

这样, 我们仅需要在 $(*)$ 中考虑 α_i 为 $t_1 = t_2$ 或 $t_1 < t_2$ 的形式. 下面我们用归纳法证明, 对 $(*)$ 中正负原子公式的个数 r 进行归纳.

奠基　$r = 1$. 公式 $(*)$ 为 $\exists x(t_1 < t_2)$ 或 $\exists x(t_1 = t_2)$, 它们等价到真或假. 这种情形下量词可消去显然成立.

归纳　假定对一切 $r < k$, 命题成立, 即对一切 $r < k$, $\exists x(\alpha_1 \land \cdots \land \alpha_r)$ 量词可消去. 现在考察公式 $\exists x(\alpha_1 \land \cdots \land \alpha_k)$. 如果有一个 α_i 不含 x, 则容易归纳到 $r = k - 1$ 的情形. 假定每一个 α_i 均含有 x. 这样公式 $(*)$ 可写成

$$\exists x(x < t_1 \land \cdots \land x < t_m \land u_1 < x \land \cdots \land u_n < x \land x = v_1 \land \cdots \land x = v_l), \qquad (**)$$

这里 t_i, u_i, v_i 为项. 可以假定它们和 x 均不同. 因为否则的话, 比如说 $t_i = x$ 或 $u_i = x$, 则 $(**)$ 为假; 而如果 $v_i = x$, 则 $(**)$ 可归约到 $r = k - 1$ 的情形.

注意: 当 $m > 1$, $(**)$ 可等价到

$$(t_1 < t_2 \land \exists x(x < t_1 \land x < t_3 \land \cdots)) \lor (\neg(t_1 < t_2) \land \exists x(x < t_2 \land x < t_3 \land \cdots)).$$

该公式归约为 $r = k - 1$ 的情形.

当 $n > 1$ 时, 也可类似地将 $(**)$ 归约为 $r = k - 1$ 的情形.

§1.5 量词可消去

现在考察 $m = 1, n = 1$ 的情形. 此时公式 (**) 可写成

$$\exists x (x < t_1 \wedge u_1 < x \wedge x = v_1 \wedge \cdots \wedge x = v_l).$$

如果 $l \neq 0$, 它等价于 $(u_1 < v_1 < t_1) \wedge (v_1 = v_2 = \cdots = v_l)$; 如果 $l = 0$, 则它等价于 $u_1 < t_1$. 这两个公式均不含量词.

其次考察 $m = 0, n = 1$ 的情形. 此时 (**) 可写成

$$\exists x (u_1 < x \wedge x = v_1 \wedge \cdots \wedge x = v_l).$$

如果 $l \neq 0$, 它等价到 $u_1 < v_1 \wedge (v_1 = v_2 = \cdots = v_l)$; 如果 $l = 0$, 则它等价到 $u_1 \neq 1$. 如果 $n = 0, m = 1$, 类似. 最后, 如果 $n = 0, m = 0$, 则公式变为 $\exists x (x = v_1 \wedge \cdots \wedge x = v_l)$. 容易判别它非真即假. 这样我们就证明了有首元和末元的稠密线性序的理论是量词可消去的. ∎

我们也可以用类似的直接证明法证明有首元但无末元, 或者无首元但有末元的稠密线性序的理论均为量词可消去. 它们的证明留作习题.

在介绍第二个例子之前, 先引入一个引理, 它常用来证明某个理论在语言 $\mathcal{L}$ 中是量词不可消去的. 因此为使这个理论量词可消去, 我们通常的办法是将语言 $\mathcal{L}$ 扩充. 然后证明理论在扩充后的语言中是量词可消去的.

引理 1.5.4 如果 $\mathcal{L}$-理论 T 是量词可消去的, 则它是模型完全的.

证明 假定 $\mathcal{M}$ 和 $\mathcal{N}$ 是 T 的两个模型, 而且 $\mathcal{M} \subseteq \mathcal{N}$. 我们需要证明 $\mathcal{M}$ 是 $\mathcal{N}$ 的初等子模型. 设 $\varphi(\bar{v})$ 是 $\mathcal{L}$-公式, $\bar{a} \in \mathcal{M}$. 由于 T 是量词可消去的, 所以存在无量词公式 $\psi(\bar{v})$ 使得 $\mathcal{M} \vDash \forall \bar{v}(\varphi(\bar{v}) \leftrightarrow \psi(\bar{v}))$. 注意到无量词的公式在子模型及模型膨胀时保持不变, 所以 $\mathcal{M} \vDash \varphi(\bar{a})$ 当且仅当 $\mathcal{N} \vDash \varphi(\bar{a})$. 这样,

$$\mathcal{M} \vDash \varphi(\bar{a}) \Leftrightarrow \mathcal{M} \vDash \psi(\bar{a}) \Leftrightarrow \mathcal{N} \vDash \psi(\bar{a}) \Leftrightarrow \mathcal{N} \vDash \varphi(\bar{a}). \qquad \blacksquare$$

注意本引理的逆一般来说是不成立的. 因为存在模型完全的理论, 但不是量词可消去的.

下面我们就用引理 1.5.4 来证一个命题.

命题 1.5.5 无首元离散线性序的理论 T 在语言 $\mathcal{L}_0 = \{<\}$ 中是量词不可消去的.

证明 根据前述引理, 只需证明这个理论 T 在 $\mathcal{L}_0$ 中不是模型完全的. 事实上, 这个理论在 $\mathcal{L}_0$ 中的公理集是本节线性序公理 A1~A3 再加上公理

D $\quad \forall x \exists y (y < x)$ (即是说, 不存在最小元).

显然, $\mathbb{Z} \vDash T$. 设 $\mathbb{Z}_1 = \mathbb{Z} \cup \{1/2\}$, 则 $\mathbb{Z}_1 \vDash T$. 注意到 $\mathbb{Z} \subseteq \mathbb{Z}_1$, 但 $\mathbb{Z} \prec \mathbb{Z}_1$ 不成立. 比如 $\mathbb{Z}_1 \vDash \exists x(0 < x < 1)$, 但 $\mathbb{Z} \nvDash \exists x(0 < x < 1)$. 因此 T 不是模型完全的, 从而它不可能是量词可消去的.

下面我们将语言 $\mathcal{L}_0$ 扩充至 $\mathcal{L} = \mathcal{L}_0 \cup \{S\}$, 这里 S 是通常意义上的后继函数, 即 Sx 表示紧跟 x 其后的元素. 例如在整数集 $\mathbb{Z}$ 中 $Sx = x + 1$.

定理 1.5.6 无首元的离散线性序的理论在语言 $\mathcal{L} = \{S, <\}$ 中是量词可消去的, 这里 S 是后继函数.

证明 首先列出该理论的公理集.

线性序公理: A1~A3 同第一个例子. 再加上下面定义后继函数和表示无首元的公理.

D1 $\quad \forall x \forall y (x < y \leftrightarrow y = Sx \vee Sx < y)$.
D2 $\quad \forall x \exists y (x = Sy)$.

注意在语言 $\mathcal{L}$ 中, 项的一般形式为 $S^p x = S \cdots Sx (p\ 次)$.

同样, 为证明该理论是量词可消去的, 仅需考虑形为 $\exists x (\alpha_1 \wedge \cdots \wedge \alpha_r)$ 的公式. 类似于第一个例子, 这里 α_i 或者是 $S^{p_1} x_1 < S^{p_2} x_2$ 或者是 $S^{p_1} x_1 = S^{p_2} x_2$. 下面我们仍使用归纳法并施归纳于原子公式 α_i 的个数 r.

奠基 $r = 1$.

情形 1. $S^{p_1} x_1 < S^{p_2} x_2$. 可能有以下几种子情形.

情形 1.1. x_1 和 x_2 中至少有一个是 x. 比如 $x = x_1$. 则 $\exists x (S^{p_1} x < S^{p_2} x_2)$ 为永真公式, 因为无首元. 如果 $x = x_2$, 则 $\exists x (S^{p_1} x_1 < S^{p_2} x)$ 或者为真或者为假, 看 $S^{p_1} x_1$ 是否为末元而定 (如果存在末元的话).

情形 1.2. 如果 $x = x_1 = x_2$, 那么如果 $p_1 < p_2$, 则 $\exists x (S^{p_1} x < S^{p_2} x)$ 为真, 如果 $p_2 \leqslant p_1$, 则 $\exists x (S^{p_1} x < S^{p_2} x)$ 为假.

情形 2. $S^{p_1}x_1 = S^{p_2}x_2$. 则又分为以下两种子情形.

情形 2.1. $x_1 = x$ 或 $x_2 = x$. 不失一般性, 设 $x_1 = x$, 则 $\exists x(S^{p_1}x = S^{p_2}x_2)$ 为真, 因为不存在首元.

情形 2.2. $x_1 = x_2 = x$. 如果 $p_1 = p_2$, 则该公式为真, 否则为假.

现在就来给出归纳证明的第二部分.

归纳 假定对一切 $r < k$ 的情形命题成立. 考察公式 $\exists x(\alpha_1 \wedge \cdots \wedge \alpha_k)$, 这里 α_i 是 $S^{p_1}x_1 < S^{p_2}x_2$, 或者 $S^{p_1}x = S^{p_2}x_2$.

如果有某个 α_i 不含 x, 则可归约为 $k-1$ 的情形. 因此可设 α_i 中至少有一个 x_1 或 x_2 为 x. 如果某个 α_i 中有 $x_1 = x_2 = x$, 则该 α_i 形如 $S^{p_1}x < S^{p_2}x$ 或者 $S^{p_1}x = S^{p_2}x$, 它们可等价到 $S^{p_1}y < S^{p_2}y$, 或者 $S^{p_1}y = S^{p_2}y$, $x \neq y$. 于是可归约到 $r = k - 1$ 的情形.

为简化书写, 下面将 $S^p x < x_1$ 和 $S^p x = x_1$ 用 $x < S^{-p}x_1$ 和 $x = S^{-p}x_1$ 代替. 这样, $S^{p_1}x < S^{p_2}x_1$ 和 $S^{p_1}x = S^{p_2}x_1$ 分别等价到 $x < S^{p_2-p_1}x_1$ 和 $x = S^{p_2-p_1}x_1$. 于是, $\exists x(\alpha_1 \wedge \cdots \wedge \alpha_r)$ 可写成

$$\exists x(x < t_1 \wedge \cdots \wedge x < t_m \wedge u_1 < x \wedge \cdots \wedge u_n < x \wedge x = v_1 \wedge \cdots \wedge x = v_l),$$

这里 t_i, u_i 和 v_i 均为项 (即为 $S^p x$, p 为整数).

情形 1. $m > 1$ 或 $n > 1$. 这和在定理 1.5.3 中的第一种情形一样, 可将此式归约为 $k-1$ 的情形.

情形 2. $m = n = 1$. 考虑公式为以下的情形, 如果 $l \neq 0$, 则有

$$\exists x(x < t_1 \wedge u_1 < x \wedge x = v_1 \wedge \cdots \wedge x = v_l).$$

这也可归约为无量词公式 $(u_1 < v_1 < t_1) \wedge (v_1 = \cdots = v_l)$.

如果 $l = 0$, 则它等价到 $u_1 < t_1$.

情形 3. $m = 0, n = 1$. 此时该公式等价到 $u_1 < v_1 \wedge v_1 = \cdots = v_l$.

情形 4. $m = 1, n = 0$. 类似.

情形 5. $m=0, n=0$. 该公式 $\exists x(x=v_1 \wedge \cdots \wedge x=v_m)$ 或为真或为假.

这样我们就完全证明了无首元的离散线性序的理论在语言 $\mathcal{L}=\{S,<\}$ 中是量词可消去的. ∎

完全类似地, 同样可以证明无末元的离散线性序的理论和无终端的离散线性序的理论在语言 $\mathcal{L}_0=\{<\}$ 中是量词不可消去的, 但在语言扩充至 $\mathcal{L}=\{S,<\}$ 后, 这些理论是量词可消去的. 将此留作习题, 感兴趣的读者可尝试自己证明之.

下面要介绍用直接证明法证明理论是量词可消去的第三个例子, 即有离散线性序的 Abel 群, 通常称做 Presburger 算术.

有离散线性序的 Abel 群的语言 $\mathcal{L}_0=\{+,^{-1},0,1\}$, 这里 $+$ 为二元函数, 是群的加法, $^{-1}$ 是一元函数, a^{-1} 为 a 的逆元, 可记作 $-a$. 常数 0 为零元. 这样, $a+(-a)=0$. 常数 1 为单位元. 这种 Abel 群的公理集可表示为如下:

A. Abel 群的公理 (略).

B. 线性序的公理: B1 $\forall x \forall y(x>0 \wedge y>0 \wedge x+y>0)$.

   B2 $\forall x \neg(x>0 \wedge -x>0)$.

   B3 $\forall x(x=0 \vee x>0 \vee -x>0)$.

C. 离散序公理:

$$\forall x(x>0 \leftrightarrow x=1 \vee x-1>0).$$

命题 1.5.7 假定 T_0 表示有上述公理集而语言为 $\mathcal{L}_0$ 的理论, 则 T_0 在 $\mathcal{L}_0$ 中没有量词可消去.

证明 我们仍旧证明 T_0 不是模型完全的, 从而它没有量词可消去. 以下我们将 $y+y+\cdots+y$(n 个 y 相加) 简记为 ny.

考虑 $G=\mathbb{Z}\times\mathbb{Z}$. 定义 $(a,b)>0 \leftrightarrow a>0 \vee (a=0 \wedge b>0)$. G 满足公理集 A, B 和 C, 所以它是 T_0 的一个模型. 而 $\{0\}\times\mathbb{Z}$ 是 G 的一个子模型, 而且 $\mathbb{Z}\cong\{0\}\times\mathbb{Z}$. 但

$$\mathbb{Z}\vDash \forall x \exists y(x=2y \vee x+1=2y),$$

$$G\nvDash \forall x \exists y(x=2y \vee x+1=2y).$$

所以 $\{0\}\times\mathbb{Z}$ 不是 G 的初等子模型.

§1.5 量词可消去

现在将语言 $\mathcal{L}_0$ 扩充至 $\mathcal{L} = \mathcal{L}_0 \cup \{n| : n \geqslant 1\}$, 这里 $n|$ 表示 "n 整除". 注意 $n|$ 满足以下公理集.

D. 可除性公理集: D1 $\quad \forall x(n|x \leftrightarrow \exists y(x = ny)), \ n = 1, 2, \cdots,$
$\qquad\qquad\qquad\quad$ D2 $\quad \forall x(n|x \vee n|(x+1) \vee \cdots \vee n|(x+n-1)), n = 1, 2, \cdots.$

任何有离散线性序的 Abel 群都满足公理集 D. 公理 D2 独立于公理集 A, B, C 和 D1.

定理 1.5.8 假定 T 是具有公理集 A, B, C, D 的离散线性 Abel 群的理论, 则 T 在语言 $\mathcal{L}$ 中是量词可消去的.

证明 考察公式
$$\exists x F \equiv \exists x(\alpha_1 \wedge \cdots \wedge \alpha_n). \tag{$*$}$$

这里每一个 α_i 都是 $\mathcal{L}$ 中的正负原子公式. 再考察 α_i, 它可能是 $t_1 = t_2$, 这等价到 $t = 0$, 这里 $t = t_1 - t_2$; 也可能是 $t \neq 0, t > 0, \neg(t > 0), n|t$, 或 $\neg(n|t)$, 这里 t 是 $\mathcal{L}$ 中的项, 即 $t = a_1 x_1 + \cdots + a_m x_m + b$, 这里 $a_1, \cdots, a_m, b \in \mathbb{Z}$; $x_1, \cdots, x_m$ 为变元.

注意到 $t \neq 0$ 等价到 $t > 0 \vee -t > 0$, $\neg(t > 0)$ 等价到 $t = 0 \vee -t > 0$, $\neg(n|t)$ 等价到 $n|(t+1) \vee \cdots \vee n|(t+n-1)$. 这样, α_i 就是 $t = 0, t > 0$ 或 $n|t$. 另外项 t 可写成形式 $px + t'$, 这里 $p \in \mathbb{Z}$, t' 为不含 x 的项. 为方便记, 将 $px + t' > 0$ 写成 $px > -t'$ 或 $px > t''$. 于是公式 $(*)$ 可写成

$$\exists x(p_1 x > t_1 \wedge \cdots \wedge p_k x > t_k \wedge q_1 x = u_1 \wedge \cdots \wedge q_l x = u_l \wedge n_1 | r_1 x - v_1 \wedge \cdots \wedge n_m | r_m x - v_m),$$

这里 $p_i, q_i, r_i \in \mathbb{Z}$, 而 t_i, u_i, v_i 不含 x.

注意理论 T 也可证明 $n_1 | r_1 x - v_1$ 等价到

$(n_1 | r_1 x \wedge n_1 | v_1) \vee (n_1 | r_1 x + 1 \wedge n_1 | v_1 + 1) \vee \cdots \vee (n_1 | r_1 x + n_1 - 1 \wedge n_1 | v_1 + n_1 - 1).$

应用这个等价式以及逻辑等价式 $A \wedge (B \vee C) \equiv (A \wedge B) \vee (A \wedge C)$, 可以把问题归纳为考察和公式 F 有同样形式的公式以及逻辑等价公式, 只是 v_i 为整数 (正负整数或零). 这样, 公式 F 的长度为

$$h = |p_1| + \cdots + |p_k| + |q_1| + \cdots + |q_l| + n_1 + \cdots + n_m + |r_1| + \cdots + |r_m|.$$

现在施归纳证明于 h, 并将 h 称作公式 F 的秩. 假设对于所有秩小于 h 的式有量词可消去, 而公式 F 的秩为 h.

情形 1. $k \geq 2$, F 等价于

$$(p_2t_1 \geq p_1t_2 \wedge \exists x(p_1x > t_1 \wedge p_3x > t_3 \wedge \cdots)) \vee (p_1t_2 > p_2t_1 \wedge \exists x(p_2x > t_2 \wedge p_3x > t_3 \wedge \cdots)).$$

于是 F 归纳为长度为 $h-1$ 的情形.

情形 2. $l \geq 2$. 注意到 $q_1x = u_1 \wedge q_2x = u_2$ 等价到 $q_1x = u_1 \wedge (q_2-q_1)x = u_2-u_1$, 这样假如 $|q_1| \leq |q_2|$, 就有 $|q_1| + |q_2 - q_1| < |q_1| + |q_2|$. 于是, 我们就可以将此情形归结为一个秩小于 h 的公式.

情形 3. $k = 1$ 且 $l = 1$. 公式 F 可写成

$$\exists x(px > t \wedge qx = u \wedge n_1|r_1x - v_1 \wedge \cdots \wedge n_m|r_mx - v_m).$$

这等价到

$$pu > qt \wedge q|u \wedge qn_1|r_1u - v_1q \wedge \cdots \wedge qn_m|r_mu - v_mq.$$

此为无量词公式.

情形 4. $k = 0$ 且 $l = 1$. F 可写成 $\exists x(qx = u \wedge n_1|r_1x - v_1 \wedge \cdots)$. 它等价到 $q|u \wedge qn_1|r_1u - v_1q \wedge \cdots \wedge qn_m|r_mu - v_mq$.

这也是无量词公式.

情形 5. $k = 1$ 且 $l = 0$. F 可变成

$$\exists x(px > t \wedge n_1|r_1x - v_1 \wedge \cdots \wedge n_m|r_mx - v_m).$$

如果有一个 n_i, 比如说 n_1 可写成 $n_1 = nn'$, n 和 n' 互素, 那么 $n_1|r_1x - v_1$ 等价到 $n|r_1x - v_1 \wedge n'|r_1x - v_1$. 由于 $n + n' < n_1$, 所以可以归约到一个秩小于 h 的公式. 这样, 我们可以假设所有 n_i 都有形 $p_i^{m_i}$, 这里 p_i 是素数.

设 $a_1, \cdots, a_k$ 是在区间 $[0, n_1 - 1]$ 中的整数满足 $n_1|ra_1 - v_1, \cdots, n_1|ra_k - v_1$(如果存在的话). 容易看出公式 $n_1|r_1x - v_1$ 等价到 $n_1|x - a_1 \vee \cdots \vee n_1|x - a_k$. 代换到 F 中则可归约得到 k 个秩小于 h 的公式.

这样可以假设 $r_1 = \cdots = r_m = 1$, 于是 F 可写成

$$\forall x(px > t \wedge n_1|x - v_1 \wedge \cdots \wedge n_m|x - v_m).$$

§1.5 量词可消去

如果 $n_1 = p^{m_1}$, $n_2 = p^{m_2}$, $m_1 \leqslant m_2$, 公式 $n_1|x-v_1 \wedge n_2|x-v_2$ 等价到 $n_1|v_1-v_2 \wedge n_2|x-v_2$. 因此我们可以假设 n_i 有形式 $p_i^{m_i}$, 这里 p_i 是不同的素数.

因为 n_i 是两两互素的, 在区间 $[0, n_1\cdots n_m - 1]$ 中就有某个整数 u 满足 $n_1|u-v_1, \cdots, n_m|u-v_m$, 这样可以推出 F 等价到真. 为证明计, 先设 $p \geqslant 0$, 则对于 $t \geqslant 0$, $x = u + n_1\cdots n_m t$ 满足 $px > t \wedge n_1|x-v_1 \wedge \cdots \wedge n_m|x-v_m$. 如果 $t < 0$, 取 $x = u$ 即可满足. 这就完成了定理的证明. ∎

我们还可以用直接证明法证明无原子 Boole 代数, 以及可分 Boole 环在某种语言中是量词可消去的. 由于篇幅关系, 只把结果列出但省略证明. 在后面的第八章我们要用到这些结果.

定理 1.5.9 可分 Boole 环的理论在语言 $\mathcal{L} = \{0, 1, +, \cdot\} \cup \{B, R_n : n \geqslant 1\}$ 中是量词可消去的. 这个理论的公理集如下:

A. 关于二元函数 + 的可换群的公理.

B. 关于二元函数的公理集:

B1 $\forall x \forall y \forall z (x \cdot (y \cdot z) = (x \cdot y) \cdot z)$.

B2 $\forall x (x \cdot 1 = 1 \cdot x = x)$.

B3 $\forall x \forall y \forall z (x \cdot (y + z) = x \cdot y + x \cdot z))$.

B4 $1 \neq 0$.

如果这个 Boole 环的偏序是 $\leqslant$, $\wedge$ 和 $\vee$ 分别为交和并, 那么 + 和 · 可分别定义为 $x + y = (x \wedge y') \vee (x' \wedge y)$ 和 $x \cdot y = x \wedge y$, 这里 y' 是满足 $y \wedge y' = 0$ 且 $y \vee y' = 1$ 的元素, 称作 y 的补元.

公理集 A 和 B 构成环的公理. 加上下面的 C 就构成 Boole 环的公理.

C. $\forall x (x^2 = x)$.

定义 $x \leqslant y \Leftrightarrow x \cdot y = x$. 那么我们可用下式定义原子的集合 F:

$$x \in F \Leftrightarrow x \neq 0 \wedge \forall y (y \leqslant x \rightarrow y = 0 \vee y = x).$$

D. 关于一元谓词 R_n 和 B 的公理:

D1$_n$ $\forall x \Big(R_n(x) \leftrightarrow \exists x_1, \cdots, x_n \Big(\bigwedge_{1 \leqslant i < j \leqslant n} x_i \neq x_j \wedge \bigwedge_{1 \leqslant i < n} (F(x_i) \wedge x_i \leqslant x) \Big) \Big)$,

对于一切 $n \geq 1$ 成立.

D2 $\quad \forall x(B(x) \leftrightarrow \forall y[(y \leq x \to R_1(y))])$.

显然 D1 定义了 R_n: $R_n(x)$ 表示 x 至少包含了 n 个原子. 而 D2 定义 B: $B(x)$ 表示一切在 x 以下的元素 (包括 x) 至少包含一个原子 (B 也可能是空集).

另外这个 Boole 环还包含一个可分公理：

E. $\forall x \exists y (y \leq x \wedge B(y) \wedge \neg R_1(x+y))$.

这个可分公理是说, 每个元素都可分为两个不相交的部分, 亦即每一个元素 x 都有一个 y 满足 $y \leq x$ 且 $x+y$ 不包含原子. 这等价于对于任意元素 a, 存在元素 $b \leq a$ 满足 $a \wedge b = b$ 含有原子, 但 $a + b = (a \wedge (a \wedge b)') \vee (a' \wedge (a \wedge b)) = a \wedge b'$ 不含原子. ∎

定理 1.5.10 稠密无原子 Boole 代数的理论在语言 $\mathcal{L} = \{0, 1, +, \cdot, -, <\}$ 中是量词可消去的.

这个理论的公理集是：

A. 无原子 Boole 代数的公理.

B. 稠密公理：$\forall x \forall y (x < y \to \exists z (x < z \wedge z < y))$.

数学结构 $\mathcal{A} = (A, \cup, \cap, \setminus, \varnothing, \mathbb{Q}^+)$ 是这个理论的一个模型, 这里 A 是左闭右开区间 $[a, b)$ 的有穷并的集合, $a, b \in \mathbb{Q}^+$, $\mathbb{Q}^+$ 是非负有理数的集合, $\cup$ 和 $\cap$ 是通常的并和交.

下面要用稍微不同的方法, 证明无终端线性稠密序的理论 DLO 是量词可消去的. 我们要用到在 §1.3 中指出的事实：DLO 是完全理论以及定理 1.4.3, DLO 是 $\aleph_0$-范畴的.

现在就来证明下面的定理.

定理 1.5.11 DLO 是量词可消去的.

证明 首先假定 φ 为一语句. 假如 $\mathbb{Q} \vDash \varphi$, 则由于 DLO 是完全理论, DLO $\vDash \varphi$, 从而

§1.5 量词可消去

$$\text{DLO} \vDash \varphi \leftrightarrow x_1 = x_1,$$

假如 $\text{DLO} \vDash \neg\varphi$, 则

$$\text{DLO} \vDash \varphi \leftrightarrow x_1 \neq x_1.$$

其次, 假定 φ 为带有自由变元 $x_1, \cdots, x_n$ 的公式, 这里 $n \geqslant 1$. 我们要证明存在一个没有量词的公式 ψ, 其自由变元为 $x_1, \cdots, x_n$ 中的某些, 满足

$$\mathbb{Q} \vDash \forall x(\varphi(\bar{x}) \leftrightarrow \psi(\bar{x})).$$

由于 DLO 是完全理论, 故有

$$\text{DLO} \vDash \forall x(\varphi(\bar{x}) \leftrightarrow \psi(\bar{x})).$$

这已足够.

假定 $\sigma : \{(i,j) : 1 \leqslant i < j \leqslant n\} \to \{0, 1, 2\}$ 为二元函数, 设 $\chi_\sigma(x_1, \cdots, x_n)$ 为以下公式

$$\left(\bigwedge_{\sigma(i,j)=0} x_i = x_j \right) \wedge \left(\bigwedge_{\sigma(i,j)=1} x_i < x_j \right) \wedge \left(\bigwedge_{\sigma(i,j)=2} x_i > x_j \right).$$

称 χ_σ 为符号条件, 每一个符号都描述在一个有序集中 n 个元素的一个安排.

设 L 是线性序的语言, 而 φ 为 L 中的有 $n \geqslant 1$ 个自由变元的公式. 设 $\wedge_\varphi$ 为符号条件 $\sigma : \{(i,j) : 1 \leqslant i \leqslant j \leqslant n\} \to \{0, 1, 2\}$ 的集合, 并且满足存在 $\bar{a} \in \mathbb{Q}$ 使得 $\mathbb{Q} \vDash \chi_\sigma(\bar{a}) \wedge \varphi(\bar{a})$.

要考虑两种情形.

情形 1. $\wedge_\varphi = \varnothing$. 这样, $\mathbb{Q} \vDash \forall \bar{x} \neg\varphi(\bar{x})$, 且 $\mathbb{Q} \vDash \varphi(\bar{x}) \leftrightarrow x_1 \neq x_1$.

情形 2. $\wedge_\varphi \neq \varnothing$. 设

$$\psi_\varphi(\bar{x}) = \bigvee_{\sigma \in \wedge_\varphi} \chi_\sigma(\bar{x}),$$

根据 $\wedge_\varphi$ 的选择, 有

$$\mathbb{Q} \vDash \varphi(\bar{x}) \to \psi_\varphi(\bar{x}).$$

另一方面, 假设 $\bar{b} \in \mathbb{Q}$ 且 $\mathbb{Q} \vDash \psi_\varphi(\bar{b})$. 设 $\sigma \in \wedge_\varphi$ 满足 $\mathbb{Q} \vDash \chi_\sigma(\bar{b})$. 存在 $\bar{a} \in \mathbb{Q}$ 满足 $\mathbb{Q} \vDash \varphi(\bar{a}) \wedge \chi_\varphi(\bar{a})$. 由于 DLO 是 $\aleph_0$-范畴的, 所以存在 $(\mathbb{Q}, <)$ 的自同构 f 满足 $f(\bar{a}) = \bar{b}$. 而同构蕴涵初等等价, 因而 $\mathbb{Q} \vDash \varphi(\bar{b})$. 这样, $\text{DLO} \vDash \varphi(\bar{b}) \leftrightarrow \psi_\varphi(\bar{b})$. ∎

此外我们也可以用直接证明的方法证明代数闭域的理论在语言 $\mathcal{L} = \{0, 1+, -, \cdot\}$ 中是量词可消去的, 以及实闭域的理论在语言 $\mathcal{L} = \{0, 1, +, -, \cdot, <\}$ 中均是量词可消去的. 不过证明都很复杂. 我们将这两个理论放在下一节用判别法来证明它们是量词可消去的.

§1.6 量词可消去的判定法

在本节中, 我们引出几个模型论中量词可消去的判定定理.

引理 1.6.1 假设语言 $\mathcal{L}$ 包含至少一个常数符 c, T 为 $\mathcal{L}$-理论, $\varphi(\bar{v})$ 为 $\mathcal{L}$-公式. 则以下两断言等价:

1) 存在无量词的 $\mathcal{L}$-公式 $\psi(\bar{v})$ 满足 $T \vDash \forall \bar{v}(\varphi(\bar{v}) \leftrightarrow \psi(\bar{v}))$.

2) 假设 $\mathcal{M}$ 和 $\mathcal{N}$ 都是 T 的模型, $\mathcal{A}$ 为一 $\mathcal{L}$-结构, $A \subseteq M$, $A \subseteq N$, 于是 $\mathcal{M} \vDash \varphi(\bar{a}) \Leftrightarrow \mathcal{N} \vDash \varphi(\bar{a})$ 对一切 $\bar{a} \in A$ 成立.

证明 1) $\Rightarrow$ 2). 假定 $T \vDash \forall \bar{v}(\varphi(\bar{v}) \leftrightarrow \psi(\bar{v}))$, 这里 $\psi(\bar{v})$ 不含量词. 设 $\bar{a} \in A$, 这里 $\mathcal{A}$ 为 $\mathcal{M}$ 和 $\mathcal{N}$ 共同包含的子结构. $\mathcal{M}$ 和 $\mathcal{N}$ 为 T 的二个模型. 由于不含量词的公式在子结构以及开拓中保持真假不变 (定理 1.2.7), 有

$$\mathcal{M} \vDash \varphi(\bar{a}) \Leftrightarrow \mathcal{M} \vDash \psi(\bar{a}) \Leftrightarrow \mathcal{A} \vDash \psi(\bar{a}) \Leftrightarrow \mathcal{N} \vDash \psi(\bar{a}) \Leftrightarrow \mathcal{N} \vDash \varphi(\bar{a}).$$

2) $\Rightarrow$ 1). 首先, 假如 $T \vDash \forall \bar{v} \varphi(\bar{v})$, 则 $T \vDash \forall \bar{v}(\varphi(\bar{v}) \leftrightarrow a = a)$. 其次, 假如 $T \vDash \forall \bar{v} \neg \varphi(\bar{v})$, 则 $T \vDash \forall \bar{v}(\varphi(\bar{v}) \leftrightarrow a \neq a)$. 这样, 我们可以假定 $T \cup \{\varphi(\bar{v})\}$ 和 $T \cup \{\neg \varphi(\bar{v})\}$ 都是可满足的.

设 $\Gamma(\bar{v}) = \{\psi(\bar{v}) : \psi$ 不含量词且 $T \vDash \{\forall \bar{v}(\varphi(\bar{v}) \to \psi(\bar{v}))\}\}$. 设 $d_1, \cdots, d_m$ 为新的常数符. 如果我们证明 $T \cup \Gamma(\bar{d}) \vDash \varphi(\bar{d})$, 则由紧致性, 存在 $\psi_1, \cdots, \psi_n \in \Gamma$ 满足

$$T \vDash \forall \bar{v} \left(\bigwedge_{i=1}^{n} \psi_i(\bar{v}) \to \varphi(\bar{v}) \right).$$

这样,

$$T \vDash \forall \bar{v} \left(\bigwedge_{i=1}^{n} \psi_i(\bar{v}) \leftrightarrow \varphi(\bar{v}) \right),$$

且 $\bigwedge_{i=1}^{n} \psi_i(\bar{v})$ 不含量词, 这样为了证明本定理. 仅需证明下面的断言.

§1.6 量词可消去的判定法

断言　$T \cup \Gamma(\bar{d}) \vDash \varphi(\bar{d})$.

用反证法. 假如不然, 那么存在 $\mathcal{M} \vDash T \cup \Gamma(\bar{d}) \cup \{\neg\varphi(\bar{d})\}$. 设 $\mathcal{A}$ 为由 $\bar{d}$ 生成的 $\mathcal{M}$ 的子结构.

设 $\Sigma = T \cup \mathrm{Diag}(\mathcal{A}) \cup \varphi(\bar{d})$, 这里 $\mathrm{Diag}(\mathcal{A})$ 表示 $\mathcal{L}$ 中成真的所有原子公式或它的否定的集合. 假如 Σ 是不可满足的, 则存在无量词公式 $\psi_1(\bar{d}), \cdots, \psi_n(\bar{d}) \in \mathrm{Diag}(\mathcal{A})$ 使得

$$T \vDash \forall \bar{v}\left(\bigwedge_{i=1}^{n} \psi_i(\bar{v}) \to \neg\varphi(\bar{v})\right).$$

但这就有

$$T \vDash \forall \bar{v}\left(\varphi(\bar{v}) \to \bigvee_{i=1}^{n} \neg\psi_i(\bar{v})\right).$$

因此 $\bigvee_{i=1}^{n} \neg\psi_i(\bar{v}) \in \Gamma$ 且 $\mathcal{A} \vDash \bigvee_{i=1}^{n} \neg\psi_i(\bar{d})$, 矛盾. 这样 Σ 是可满足的.

设 $\mathcal{N} \vDash \Sigma$, 则 $\mathcal{N} \vDash \varphi(\bar{d})$. 因为 $\Sigma \supseteq \mathrm{Diag}(A)$, 所以 $A \subseteq N$, 但 $\mathcal{M} \vDash \neg\varphi(\bar{d})$. 这样由 2), $\mathcal{N} \vDash \neg\varphi(\bar{d})$, 矛盾.　∎

引理 1.6.2　设 T 是一个 $\mathcal{L}$-理论. 假如对每一个无量词 $\mathcal{L}$-公式 $\theta(\bar{v}, w)$, 存在无量词的 $\psi(\bar{v})$ 满足 $T \vdash \forall \bar{v}(\exists w \theta(\bar{v}, w) \leftrightarrow \psi(\bar{v}))$, 则可以证明每一个 $\mathcal{L}$-公式 $\varphi(\bar{v})$ 等价到一个无量词的 $\mathcal{L}$-公式.

证明　施归纳于 $\mathcal{L}$-公式 φ 含量词的个数.

如果 $\varphi(\bar{v})$ 不含量词, 显然.

假设对于 $i = 0, 1$, $T \vdash \forall \bar{v}(\theta_i(\bar{v}) \leftrightarrow \psi_i(\bar{v}))$, 这里 ψ_i 不含量词, 且假如 $\varphi(\bar{v}) = \neg\theta_0(\bar{v})$, 则 $T \vdash \forall \bar{v}(\varphi(\bar{v}) \leftrightarrow \neg\psi_0(\bar{v}))$; 假如 $\varphi(\bar{v}) = \theta_0(\bar{v}) \wedge \theta_1(\bar{v})$, 则 $T \vdash \forall \bar{v}(\varphi(\bar{v}) \leftrightarrow (\psi_0(\bar{v}) \wedge \psi_1(\bar{v})))$.

现在假设 $T \vdash \forall \bar{v}(\theta(\bar{v}, w) \leftrightarrow \psi_0(\bar{v}, w))$, 这里 ψ_0 不含量词, 且 $\varphi(\bar{v}) = \exists w \theta(\bar{v}, w)$, 则 $T \vdash \forall \bar{v}(\varphi(\bar{v}) \leftrightarrow \exists w \psi_0(\bar{v}, w))$. 因为根据假设, 存在无量词公式 $\psi(\bar{v})$ 满足 $T \vdash \forall \bar{v}(\exists w \psi_0(\bar{v}, w) \leftrightarrow \psi(\bar{v}))$. 但这样一来, $T \vdash \forall \bar{v}(\varphi(\bar{v}) \leftrightarrow \psi(\bar{v}))$.　∎

将以上两引理结合起来, 就有以下的量词可消去的判别法.

定理 1.6.3 (量词可消去第一判别法)　假设 T 是 $\mathcal{L}$-理论, $\varphi(\bar{v},w)$ 是任意无量词公式, $\mathcal{M},\mathcal{N}\vDash T$, $\mathcal{A}$ 是 $\mathcal{M}$ 和 $\mathcal{N}$ 的公共子模型, $\bar{a}\in A$. 如果有 $b\in M$ 满足 $\mathcal{M}\vDash\varphi(\bar{a},b)$, 则有 $c\in N$ 满足 $\mathcal{N}\vDash\varphi(\bar{a},c)$. 那么, T 是量词可消去的.

下面我们要用这个判别法来证明无扭可除 Abel 群 G 的理论 DAG 是量词可消去的.

定理 1.6.4　无扭可除 Abel 群 G 的理论是量词可消去的.

无扭可除 Abel 群的理论就是 Abel 群的理论加上以下两公理:

1) $\forall x(x\neq 0\to \overbrace{x+\cdots+x}^{n\text{次}}\neq 0),\quad n=1,2,\cdots;$

2) $\forall y\exists x(\overbrace{x+\cdots+x}^{n\text{次}}=y).$

如果满足 1), 就称 G 为无扭的. 而满足 2), 则称 G 为可除的.

为此引入两个引理以便我们可以应用这个量词可消去的判别法.

引理 1.6.5　设 G 和 H 是非平凡无扭可除 Abel 群, $G\subseteq H$. $\psi(\bar{x},w)$ 为不含量词的公式, $H\vDash\psi(\bar{a},b)$, $\bar{a}\in G, b\in H$. 那么存在 $c\in G$ 使得 $G\vDash\psi(\bar{a},c)$.

证明　首先将 ψ 写成析合范式, 即

$$\psi(\bar{v},w)\leftrightarrow\bigvee_{i=1}^{n}\bigwedge_{j=1}^{m}\theta_{ij}(\bar{v},w),$$

这里 $\theta_{ij}(\bar{v},w)$ 为原子公式或原子公式的否定.

因为 $H\vDash\psi(\bar{a},b)$, 所以对某个 i, $H\vDash\bigwedge_{j=1}^{m}\theta_{ij}(\bar{a},b)$. 这样, 不失一般性, 可以假定 ψ 是原子公式和原子公式否定的合取, $\theta(v_1,\cdots,v_m,w)$ 为一原子公式, 则对于某些整数 $n_1,\cdots,n_m$, $\theta(\bar{v},w)$ 为 $\sum n_i v_i+mw=0$.

这样我们可以假定

$$\psi(\bar{a},w)=\bigwedge_{i=1}^{s}\sum_{j=1}^{m}n_{ij}a_j+m_iw=0\wedge\bigwedge_{i=1}^{s}\sum_{j=1}^{m}n'_{ij}a_j+m'_iw\neq 0.$$

设 $g_i = \sum n_{ij}a_j$, $h_i = \sum n'_{ij}a_j$, 则 $g_i, h_i \in G$, 而且.
$$\psi(\bar{a}, w) \leftrightarrow \left(\bigwedge_i g_i + m_i w = 0\right) \wedge \left(\bigwedge_i h_i + m'_i w \neq 0\right).$$

假如在上式右端的某个等式中 $m_i \neq 0$, 则 $b = -\dfrac{g_i}{m_i} \in G$, 故可取 $c = -\dfrac{g_i}{m_i}$, 于是 $G \vDash \theta(\bar{a}, b)$. 所以假设上式中不含等式, 于是 $\psi(\bar{a}, w) = \bigwedge h_i + m'_i w \neq 0$. 这样 $\psi(\bar{a}, w)$ 被 H 中某个元素满足, 它不等于任意一个 $-\dfrac{h_1}{m'_1}, \cdots, -\dfrac{h_s}{m'_s}$. 由于 G 是无穷的, 所以存在 G 的元素满足 $\psi(\bar{a}, w)$. ■

引理 1.6.6 假设 G 是无扭的 Abel 群, 那么存在无扭可除 Abel 群 H, 称做 G 的可除壳 (hull), 并存在嵌入 $i: G \to H$ 满足: 假如 $j: G \to H'$ 为 G 到另一个无扭可除 Abel 群 H' 的嵌入, 则存在 $h: H \to H'$ 满足 $j = h \circ i$.

证明 假如 G 是平凡的群, 则可以取 $H = \mathbb{Q}$. 现在假定 G 为非平凡群. 设 $X = \{(g, n) : g \in G, n \in \mathbb{N}, n > 0\}$. 可把 (g, n) 想象为 $\dfrac{g}{n}$. 在 X 上定义等价关系: $(g, n) \sim (h, m)$, 假如 $mg = nh$. 设 $H = X/\sim$. 对于 $(g, n) \in X$, 用 $[(g, n)]$ 表示 (g, n) 的 $\sim$ 等价类. 定义 H 上的加法如下:
$$[(g, n)] + [(h, m)] = [(mg + nh, mn)].$$

需证这样定义的加法是合理的. 也就是假定 $(g_0, n_0) \sim (g, n)$, 则有 $\dfrac{g_0}{n_0} + \dfrac{h}{m} = \dfrac{g}{n} + \dfrac{h}{m}$, 即以下断言.

断言 $(mg_0 + n_0 h, mn_0) \sim (mg + nh, mn)$.

但根据上述等价关系的定义, 只需证明 $mn_0(mg + hn) = mn(mg_0 + n_0 h)$. 注意到 G 为 Abel 群, 所以 $mn_0(mg + hn) = m^2 n_0 g + mnn_0 h$. 但 $ng_0 = n_0 g$, 所以 $mn_0(mg + nh) = m^2 n g_0 + mn_0 nh = mn(mg_0 + hn_0)$, 亦即 $\dfrac{g_0}{n_0} + \dfrac{h}{m} = \dfrac{g}{n} + \dfrac{h}{m}$.

类似地可以定义减法如下: $[(g, n)] - [(h, m)] = [(mg - nh, mn)]$. 容易类似地证明, 这个定义也是合理的. 而且 $(H, +)$ 为 Abel 群. 这里 $[(0, 1)]$ 为其单位元, 而 $[(-g, n)]$ 是 $[(g, n)]$ 的逆元.

假定 $[(g, m)] \in H$, $n > 0$, 那么 $n[(g, m)] = [(ng, m)]$. 假如 $(ng, m) \sim (0, k)$, 则 $kng = 0$. 但 $k > 0, n > 0$, G 是无扭的, 从而 $g = 0$. 但如此一来, $[(g, m)] = [(0, 1)]$. 因此 H 是无扭的.

假定 $[(g,m)] \in H, n > 0$, 那么 $n[(g,mn)] = [(ng,mn)] = [(g,m)]$, 因此 H 也是可除的.

映射 $i(g) = [(g,1)]$ 可将 G 嵌入 H. 显然, 假定 $g_0 \neq g_1$, 则 $[(g_0,1)] \neq [(g_1,1)]$, 而且 $[(g,1)] + [(h,1)] = [(g+h,1)]$.

再假定 H' 为可除无扭 Abel 群, $j: G \to H'$ 为一嵌入. 而 $h: H \to H'$ 可定义为 $h([g,n]) = j(g)/n$. 易证 h 定义合理且 $j = h \circ i$. ∎

有了这两个引理, 我们就可以用量词可消去第一判别法证明可除 Abel 群是量词可消去的.

定理 1.6.4 的证明 假定 G_0 和 G_1 为两个无扭可除 Abel 群. G 为 G_0 和 G_1 的公共子群, $\bar{g} \in G, h \in G_0, G_0 \vDash \varphi(\bar{g}, h)$. 这里 φ 为无量词公式. 设 H 为 G 的可除壳. 由于可将 H 嵌入 G_0, 由前引理, $H \vDash \exists w \varphi(\bar{g}, w)$. 因为可将 H 嵌入 G_1, 所以存在 $h' \in G_1$ 满足 $G_1 \vDash \varphi(\bar{g}, h')$. 这样, 由量词可消去第一判别法, 可除 Abel 群是量词可消去的. ∎

下面我们来介绍量词可消去的第二判别法. 首先引出两个概念.

定义 1.6.7 称理论 T 有代数素模型, 假如对任意的 $\mathcal{A} \vDash T_\forall$, 存在 $\mathcal{M} \vDash T$ 和嵌入 $i: \mathcal{A} \to \mathcal{M}$ 使得对所有的 $\mathcal{N} \vDash T$ 和嵌入 $j: \mathcal{A} \to \mathcal{N}$ 有 $h: \mathcal{M} \to \mathcal{N}$ 满足 $j = h \circ i$.

定义 1.6.8 假定 $\mathcal{M}, \mathcal{N} \vDash T, \mathcal{M} \subseteq \mathcal{N}$. $\mathcal{M}$ 是在 $\mathcal{N}$ 中单纯闭的, 并记作 $\mathcal{M} \prec_s \mathcal{N}$, 假如对任何无量词公式 $\varphi(\bar{v}, w)$ 以及任意的 $\bar{a} \in M$, 如果 $\mathcal{N} \vDash \exists w \varphi(\bar{a}, w)$, 则 $\mathcal{M} \vDash \exists w \varphi(\bar{a}, w)$.

下面引出量词可消去的第二判定法.

定理 1.6.9 (量词可消去第二判别法) 假设 T 是 $\mathcal{L}$-理论并满足以下两条件:

1) T 有代数素模型.
2) $\mathcal{M}, \mathcal{N} \vDash T$. 如果 $\mathcal{M}$ 是 $\mathcal{N}$ 的子模型, 则 $\mathcal{M}$ 是在 $\mathcal{N}$ 中单纯闭的, 即 $\mathcal{M} \prec_s \mathcal{N}$, 那么 T 是量词可消去的.

因篇幅关系, 这里不给出它的证明, 但留作习题. 有兴趣的读者可参考文献

§1.6 量词可消去的判定法

[Mk2] 的有关章节.

下面用这个第二判别法来证明线性序可除 Abel 群的理论是量词可消去的. 这个理论的语言是 $\mathcal{L} = \{+, -, <, 0\}$. 所谓有线性序的可除 Abel 群, 是在其上定义了一个线性序关系的可除 Abel 群. 例如全体有理数的集合就是一个有线性序的无扭可除 Abel 群, 定义在其上的线性序就是通常的大小顺序.

引理 1.6.10 设 G 为有线性序 Abel 群, H 为 G 的可除壳. 定义 $i: G \to H$ 为保序映射, 则它将 H 排序. 这样 H 为一个有线性序的可除 Abel 群. 假如 H' 是一个有线性序的可除 Abel 群, 而 $j: G \to H'$ 为一嵌入, 则存在 $h: H \to H'$ 满足 $j = h \circ i$. 从而线性可除 Abel 群的理论有代数素模型.

证明 设 g/n 表示 $[(g, n)]$. 将 H 排序如下:

$$\frac{g}{n} < \frac{h}{m} \Leftrightarrow mg < hn.$$

假如 $g < h$, 则 $\frac{g}{1} < \frac{h}{1}$. 所以这个排序是将原先 G 的排序开拓. 假如 $\frac{g_1}{n_1} < \frac{g_2}{n_2}$ 且 $\frac{h_1}{m_1} \leqslant \frac{h_2}{m_2}$, 则 $n_2 g_1 < n_1 g_2$, $m_2 h_1 \leqslant m_1 h_2$. 于是用 $m_1 m_2 n_1 n_2$ 乘这两个不等式再相加, 就有

$$m_1 m_2 n_2 g_1 + n_1 n_2 m_2 h_1 < m_1 m_2 n_1 g_2 + n_1 n_2 m_1 h_2,$$

也就是

$$\frac{m_1 g_1 + n_1 h_1}{m_1 n_1} < \frac{m_2 g_2 + n_2 h_2}{m_2 n_2},$$

亦即

$$\frac{g_1}{n_1} + \frac{h_1}{m_1} < \frac{g_2}{n_2} + \frac{h_2}{m_2}.$$

因此 H 为 < 定义线性的一个线性群.

假定 H' 为另一个线性可除 Abel 群, $j: G \to H'$ 为一可嵌入, 设 h 如引理 1.6.6, 易证 h 是保序的. ∎

为了证明量词可消去, 还要证明假如 G 和 H 都是线性可除 Abel 群且 $G \subseteq H$, 则 $G \prec_s H$, 亦即 G 是在 H 中单纯闭的. 然后应用量词可消去的第二判别法.

设 $\varphi(v, \bar{w})$ 为一无量词公式, $\bar{a} \in G$. 对于某个 $b \in H$, $H \vDash \varphi(b, \bar{a})$. 这里只需考察 φ 为正负原子公式的合取情形. 假如 $\theta(v, \bar{w})$ 为原子公式, 则 θ 或者等价到

$\sum n_i w_i + mv = 0$ 或者等价到 $\sum n_i w_i + mv > 0$, 这里 $n_i, m \in \mathbb{Z}$. 特别地, 存在元素 $g \in G$ 使得 $\theta(v, \bar{a})$ 形如 $mv = g$ 或 $mv > g$. 同时注意到公式 $mv \neq g$ 是等价到 $mv > g$ 或者 $mv < g$. 这样我们可以假设

$$\varphi(v, \bar{a}) \leftrightarrow \left(\bigwedge_i m_i v = g_i \right) \wedge \left(\bigwedge_i n_i v > h_i \right),$$

这里 $g_i, h_i \in G, m_i, n_i \in \mathbb{Z}$.

假如有一个 $m_i v_i = g_i$, 则必有 $b = \dfrac{g_i}{m_i} \in G$, 否则 $\varphi(v, \bar{a}) = \bigwedge_i m_i v > h_i$. 设 $k_0 = \min\left\{\dfrac{h_i}{m_i} : m_i < 0\right\}, k_1 = \max\left\{\dfrac{h_i}{m_i} : m_i > 0\right\}$, 则 $c \in H$ 满足 $\varphi(v, \bar{a})$ 当且仅当 $k_0 < c < k_1$. 由于 b 满足 φ, 必有 $k_0 < k_1$, 显而易见线性可除 Abel 群是稠密有序的, 因为假如 $g < h$, 则 $g < \dfrac{g+h}{2} < h$, 所以存在 d 满足 $k_0 < d < k_1$. 这样 $G \prec_s H$. ■

定理 1.6.11 线性可除 Abel 群的理论 ODAG 是量词可消去的.

证明 由引理 1.6.10, 线性 Abel 群的理论 ODAG 有代数素模型, 而由上面的证明, 它的子模型在模型中是单纯闭的, 所以, 由量词可消去第二判别法可知, ODAG 是量词可消去的. ■

此外, 我们有时还会用到下面的 Shoenfield 量词可消去判别法.

定理 1.6.12 假如 T 是 $\mathcal{L}$-理论. 则下面两个条件等价:

1) T 是量词可消去的.

2) 假如 $\mathcal{M}, \mathcal{N} \vDash T, \mathcal{M}$ 是 $|M|^+$-饱和的, $\mathcal{N}_0 \subseteq \mathcal{N}$. 如果存在一个同构嵌入 $f: N_0 \to M$, 那么 f 可开拓为 $\mathcal{N}$ 到 $\mathcal{M}$ 内的一个初等嵌入.

§1.7 型, 完备公式和孤立型

在本节要引出模型论中的一个重要的概念, 它在近代模型论的研究中起着重要的作用.

定义 1.7.1 假定 T 是语言 $\mathcal{L}$ 中的一个理论. 一个 n-型 $p(x_1, \cdots, x_n)$ 就是一个与 T 相容的含 n 个变元 $\bar{x} = (x_1, \cdots, x_n)$ 的公式集. 假定 $\mathcal{M}$ 是 T 的一个模型,

§1.7 型, 完备公式和孤立型

$\bar{a} \in M^n$, $p(\bar{x})$ 是理论 T 的 n-型. 如果对于 p 中的每一个公式 ϕ, $\mathcal{M} \vDash \phi(\bar{a})$, 则称 $\bar{a}$ 在 $\mathcal{M}$ 中实现 (realize) n-型 $p(\bar{x})$. 如果 n-型 p 中的公式含有 M 中的参数, 那么 p 中所有公式的参数形成的参数集 $A \subseteq M$, 称作 p 的定义域 (domain), 而称 p 是在 A 上的 n-型. 如果 $p(\bar{x})$ 是一个极大的相容 n 元公式集, 亦即它包含了一切与其相容的 n 元公式, 则称 $p(\bar{x})$ 是一个完全的 n-型. 否则的话, 则称 $p(\bar{x})$ 为部分 n-型. 所有在 A 上的理论 T 的完全 n-型的集合记作 $S_n(A)$. 而 $S(A) = \bigcup_{n \in \omega} S_n(A)$ 构成一个拓扑学意义上的 Stone 空间. 如果 A 为空集, 即不含参数的型所组成的集合记作 $S(\varnothing)$ 或 $S(T)$.

我们有时用另一个似乎更为明确的记号来表示型, 例如 $\mathrm{tp}_M(\bar{a}/A)$ 表示那一个被 $\bar{a}$ 在 $\mathcal{M}$ 中实现的在 A 上的 n-型 $p(\bar{x}) \in S(A)$, 也就是

$$\mathrm{tp}_M(\bar{a}/A) = \{\varphi(\bar{x}, \bar{b}) : \bar{b} \in A, \mathcal{M} \vDash \phi(\bar{a}, \bar{b})\}.$$

在不致引起混淆的情况下, 可略去下标 M. 与实现相对应就是所谓省略或排斥 (omit). 如果集合 $A \subseteq M$ 中的任何 n 元组 $(a_1, \cdots, a_n)$ 均不能实现 n-型 $p(\bar{x})$, 则称 A 省略或排斥型 p.

如果被 $\bar{a}$ 实现的型 $p(\bar{x})$ 的公式均不含参数, 则 $p(\bar{x})$ 可记为 $\mathrm{tp}_M(\bar{a}/\varnothing)$, 或 $\mathrm{tp}_M(\bar{a})$, 或 $\mathrm{tp}(\bar{a})$.

下面我们讨论几个比较特殊的型.

定义 1.7.2 设 $p \in S_n(A)$ 是理论 T 的一个完全的 n-型. 假设 p 中的任何公式 $\theta(\bar{x})$ 均可由 p 中的某个公式 $\varphi(\bar{x})$ 推出, 亦即 $T \vDash \varphi(\bar{x}) \to \theta(\bar{x})$, 这样的 n-型 p 称作被 φ 孤立的孤立型 (isolated type). 而这个公式 φ 称做型 p 的完备公式 (complete formula). 孤立型亦被称做主型 (principal type). 而型 $p \in S_n(\bar{a})$ 称作半孤立的 (semi-isolated), 如果存在公式 $\varphi(\bar{x}, \bar{a}) \in \mathrm{tp}(\bar{b}/\bar{a})$ 使得 $\vDash \varphi(\bar{x}, \bar{a}) \to \mathrm{tp}(\bar{b})$. 我们亦称 φ 将 $\mathrm{tp}(\bar{b}/\bar{a})$ 半孤立.

例 1.7.3 假设 $\mathbb{Z}$ 是整数集, S 是后继函数. 考察整数集上的完全理论 $\mathrm{Th}(\mathbb{Z}, S)$. 这个理论有无穷多个可数模型, 它的每一个模型都是由一条、数条或无穷多条整数链构成的. 假定 a, b 是在两个不同的整数链上的元素. 容易看出型 $\mathrm{tp}(b/a)$ 是半孤立的. 比如公式 $x \neq S(a) \to \mathrm{tp}(b)$. 但 $\mathrm{tp}(b/a)$ 不是孤立的, 因为 $\mathrm{tp}(b/a) = \{x \neq S^n(a) : n \in \omega\} \cup \{a \neq S^m(x) : m \in \omega\}$, 而此集合中任意公式均不可推出它包含的

全部公式. 这个例子告诉我们半孤立和孤立是不同的概念.

例 1.7.4 假定语言 $\mathcal{L} = \{E_i : i \in \omega\}$, 这里 E_i 是二元关系. 理论 T 是说 E_0 是一个有两个无穷等价类的等价关系. 而对于任意的 i, E_{i+1} 是将 E_i-等价类细分为两个无穷 E_{i+1}-等价类的等价关系. 假如 a 和 c 对一切 $i \in \omega$ 都是在同一个 E_i-类中, 而 a 和 b 不在同一个 E_0-等价类内, 那么 $\mathrm{tp}(c/b)$, $\mathrm{tp}(b/a)$ 不是孤立的, 但是半孤立的 (读者可自证这个结论).

以下两个命题留作习题.

命题 1.7.5 假如 $\mathrm{tp}(\bar{b}/\bar{a})$ 是孤立型, 则它是半孤立型.

命题 1.7.6 假如 $\mathrm{tp}(\bar{b}/\bar{a})$ 是孤立型, 而 $\mathrm{tp}(\bar{a}/\bar{b})$ 不是, 则它是半孤立型.

下面引出可定义型 (definable type) 和共轭型 (conjugate type) 的概念.

我们称一个集合 $A \subseteq M$ 是模型 M 中的 B-可定义集, 如果存在 $\mathcal{L}$-公式 $\varphi(\bar{x},\bar{b})$, $\bar{b} \in B$, 使得 $A = \{\bar{a} \in M : \vDash \varphi(\bar{a},\bar{b})\}$. 有时亦称公式 φ 定义了集合 A, 记作 $A = \varphi(M,\bar{b})$. 如果集合 A 非空且有穷, 且 $\bar{a} \in A$, 则称 $\bar{a}$ 是在集合 B 上代数的.

定义 1.7.7 称型 $p \in S_n(A)$ 在集合 B 上可定义, 如果对于任意 $\mathcal{L}$-公式 $\varphi(\bar{v},\bar{w})$ 存在一个 $\mathcal{L}_B$-公式 $d_p\varphi(\bar{w})$ 满足对一切 $\bar{a} \in A$, 有

$$\varphi(\bar{v},a) \in p \Leftrightarrow d_p\varphi(\bar{a})$$

成立.

定义 1.7.8 假定 M 是理论 T 的一个模型, $A \subseteq M$.

1) 设 $p \in S(A)$, f 是一个初等映射, 其定义域 $\mathrm{dom}(f) \supseteq A$, 则

$$f(p) = \{\varphi(\bar{v},f(a)) | \varphi(\bar{v},a) \in p\}$$

是在 $f(A)$ 上的公式集.

2) 假如 f 是一个初等映射, 并且在 A 上为恒等映射, $A \subseteq B$, $A \subseteq C$. $f(B) = C$, 则称集合 B 和 C 在 A 上共轭 (conjugate).

3) 假如 p 和 q 是模型 M 上的型, 并且存在定义域包含 A 的初等映射 f 满足 $f(p) = q$, 则称这两个型 p 和 q 在 A 上共轭.

§1.8 稳定性理论简介

在本章的 §1.3, 讨论了理论的范畴性定理. 这个定理将所有的理论分为四大类, 这是将理论分类的第一个结果. 接下来人们试图继续细分理论. 这就出现了所谓稳定的理论和不稳定的理论.

简单来说, 这一次人们是用一个理论的完全型的个数对完全可数理论进行分类, 也就是用 Stone 空间 $S(A)$ 的基数来分类.

定义 1.8.1 理论的分类, 假如 T 是有无穷模型的一个完全理论, κ 是一个无穷基数.

1) 对于任意的 T 的模型 $\mathcal{M}$, $A \subseteq M$, 如果 $|A| \leqslant \kappa$, 则 $|S(A)| \leqslant \kappa$, 就称理论 T 稳定于 κ. 对于任意的模型 $\mathcal{N}$, 如果它的完全理论 $\text{Th}(\mathcal{N})$ 稳定于 κ, 则称模型 $\mathcal{N}$ 稳定于 κ. 如果理论 T 稳定于某个无穷基数 κ, 则称 T 是稳定的.

2) 如果理论 T 稳定于一切 $\kappa \geqslant 2^{|T|}$, 则称 T 是超稳定的.

3) 如果理论 T 稳定于一切无穷基数 κ, 则称 T 是 ω-稳定的.

人们已经证明了以下的蕴涵关系: 对于任意的理论 T 成立.

T 是 $\aleph_1$-范畴的 $\Rightarrow$ T 是 ω-稳定的 $\Rightarrow$ T 是超稳定的 $\Rightarrow$ T 是稳定的.

但以上蕴涵式的逆均不成立.

Shelah 在 1980 年的一篇论文中试图将不稳定的理论分类, 他将不稳定的理论分为单纯的 (simple) 和不单纯的两种, 而任何稳定的理论都是单纯的. 后来 Pillay 和 Kim 等对单纯性的理论进行了比较深入的研究.

定义 1.8.2 称一个公式 $\varphi(\bar{x}, \bar{y})$ 有序性质 (order property), 如果在某个模型 $\mathcal{M}$ 中存在无穷序列 $\langle \bar{a}_i, i \in \omega \rangle$ 和 $\langle \bar{b}_i : i \in \omega \rangle$ 使得 $\mathcal{M} \vDash \varphi(\bar{a}_i, \bar{b}_j)$ 当且仅当 $i \leqslant j$. 如果理论 T 的某个公式有序性质, 则称理论 T 有序性质.

容易看出, $\text{DLO} = \text{Th}(\mathbb{Q}, <)$ 是有序性质的理论 (因为其中的公式 $\varphi(x, y) : x < y$ 有序性质), 从而稠密线性序的理论是不稳定的.

下面给出稳定性理论中的一个重要结果, 但略去它的证明.

定理 1.8.3　理论 T 是稳定的当且仅当它的每一个公式都没有序性质.

例 1.8.4　1) $\text{Th}(\mathbb{Q},<)$ 是不稳定的理论. 除了上面所说它的公式 $x<y$ 有序性质, 还可以证明 $|S_1(\mathbb{Q})| = 2^{\aleph_0}$, 从而 $|S_1(\mathbb{Q})| > |\mathbb{Q}|$.

2) 随机图 (random graph) 和二分随机图 (bipartite random graph) 是两个数学模型. 它们的域就是顶点集, 而唯一的二元关系 R 代表边, 比如 $R(x,y)$ 解释为顶点是 x 和 y 之间有一条边相连接. 所谓随机图就是每一个顶点都与某些其他顶点相连接, 又都与另外某些顶点不相连接. 而二分随机图的顶点集分为两个分离的子集 X 和 Y. X 中的每一个顶点都与 Y 中的每一个顶点连接, 但不和 X 中的其他顶点相连接. Y 中的顶点类似.

Rado 曾经证明了所有可数随机图的类中有唯一的一个可数全图 (universal graph), 即所有可数随机图均可同构地嵌入到这个全图中. 二分随机图也有类似性质.

现在来证明它们的可数全图的理论都是不稳定的. 为此只需要证明这两个模型的理论中均存在一个有序性质的公式. 设点序列 $\langle a_i : i \in \omega \rangle$ 和点序列 $\langle b_i : i \in \omega \rangle$ 之间有下面的边相连接: $R(a_i, b_j)$ 如果 $i<j$. 这样公式 $R(x_i, y_j)$ 有严格的序性质, 而且这是可数随机全图和二分随机全图的理论中的公式.

3) 代数闭域的理论 ACF 是 ω-稳定的, 因为可以证明对于任意的代数闭域 $K \vDash$ ACF, 任意的 K 的子域 k, 都有 $|S(k)| = |k| + \aleph_0$, 从而 $|S(k)| \leqslant |k|$.

如果一个理论是稳定的, 特别是当它是 ω-稳定的, 则它有很多优良的性质, 有兴趣作进一步钻研的读者可参考 [Mk1, Mk2, Ba, Pi2, Pi3].

习　题　一

1. 试证有首元但无末元的稠密线性序理论在语言 $\mathcal{L} = \{<, 0\}$ 中是量词可消去的.
2. 试证无首元但有末元的稠密线性序理论在语言 $\mathcal{L} = \{<, 1\}$ 中是量词可消去的.
3. 试证无末元离散线性序的理论在语言 $\mathcal{L} = \{<\}$ 中是量词不可消去的.
4. 试证无末元离散线性序的理论在语言 $\mathcal{L} = \{S, <\}$ 中是量词可消去的.
5. 试证无终端的离散线性序的理论在语言 $\mathcal{L} = \{S, <\}$ 中是量词可消去的.
6. 试证量词可消去的第二判别法 (提示: 参考并修改定理 1.6.3 的证明).
7. 假如 $\text{tp}(\bar{b}/\bar{a})$ 是孤立型, 则它是半孤立型.
8. 假如 $\text{tp}(\bar{b}/\bar{a})$ 是孤立型, 而 $\text{tp}(\bar{a}/\bar{b})$ 不是, 则它是半孤立型.

第二章 代数闭域

在本章中,我们要首先研究一个数学结构的模型论,即代数闭域上的模型论,它的语言就是代数学中环的语言,即 $L_R = \{+, \cdot, 0, 1\}$,这里 "$+$"、"$\cdot$" 为环的两个二元函数符,分别称做加法和乘法,0 和 1 则分别为加法和乘法的恒等元. 本章主要内容取自参考文献 [Mk2].

§2.1 代数闭域的完全性和可判定性

回忆在代数学中,域是一个可交换除环. 假定 M 为一个域结构的论域,则域的公理 T_f 可以写成以下几条:

公理 1 $\quad \forall x \forall y (x + y = y + x)$.

公理 2 $\quad \forall x \forall y \forall z (x + (y + z) = (x + y) + z)$.

公理 3 $\quad \forall x (x + 0 = 0 + x = x)$.

公理 4 $\quad \forall x \exists y (x + y = y + x = 0)$.

公理 5 $\quad \forall x \forall y \forall z (x \cdot (y \cdot z) = (x \cdot y) \cdot z)$.

公理 6 $\quad \forall x \forall y \forall z (x \cdot (y + z) = x \cdot y + x \cdot z \wedge (x + y) \cdot z = x \cdot z + y \cdot z)$.

公理 7 $\quad \forall x \forall y (x \cdot y = y \cdot x)$.

公理 8 $\quad \forall x (1 \cdot x = x \cdot 1 = x)$.

公理 9 $\quad \forall x \exists y (x = 0 \vee x \cdot y = 1)$.

公理 1~ 公理 4 表示 $(M, +)$ 是一个 Abel 群 (可交换群). 公理 1~ 公理 6 为环的公理,加上公理 7 就表示 M 为一可交换环,再连同公理 8,就是有恒等元的可交换环. 公理 1~ 公理 7,加上公理 9 就表示 M 是一个除环,公理 1~ 公理 9 则表示 M 为一可交换除环,即一个域. 所谓代数闭域的理论 (简记为 ACF) 就是域的理

论加上以下公理:

公理 10 对一切 $n \in \mathbb{N}$,
$$\forall a_0, \cdots, a_{n-1} \exists x \left(x^n + \sum_{i=0}^{n-1} a_i x^i = 0 \right).$$

这样, 实数域就不是一个代数闭域, 而代数学基本定理告诉我们, 复数域是一个代数闭域.

显然, 代数闭域不是一个完全的理论, 因为它不能决定域的特征. 现在假定对每个 n, φ_n 为下述公式:
$$\forall x (\overbrace{x + x + \cdots + x}^{n\text{次}} = 0).$$

对于素数 p, 设 ACF_p 为理论 $\text{ACP} \cup \{\varphi_n : n = 1, 2, \cdots\}$, 而设 ACF_0 为 $\text{ACF} \cup \{\neg\varphi_n : n = 1, 2, 3, \cdots\}$. 通常 ACF_p 称作特征 (characteristics) 为 p 的代数闭域, 而 ACP_0 称作特征为 0 的代数闭域. 域的最重要的代数事实是由它的特征和超越度 (transcendence degree) 决定的. 由此可以推出很重要的模型论的结果. 下面我们首先要证明, 对于任意不可数基数 κ, ACF_p 是 κ-范畴的. 从而理论 ACF_p 是完全的, 然后我们证明 ACF_p 是可判定的.

回忆下面的引理, 它是模型论中一个很基本的事实, 其证明可在任一模型论的教材中找到, 例如文献 [She] 中的定理 4.2.5.

引理 2.1.1 (Löwenhein-Skolem-Tarshi) 设 T 是有无穷模型而语言为 $\mathcal{L}$ 的理论. 如果 $\kappa \geqslant |L|$ 为无穷基数, 则 T 有基数为 κ 的模型.

定理 2.1.2 设 p 为 0 或素数, 则 ACF_p 范畴于一切不可数基数 κ.

证明 注意到两个代数闭域是同构的当且仅当它们有相同的特征和超越度 (见 [L]). 超越度为 λ 的代数闭域有基数 $\lambda + \aleph_0$. 假如 $\kappa > \aleph_0$, 基数为 κ 的代数闭域亦有超越度 κ. 这样, 任何两个有同样特征和同样不可数基数的代数闭域是同构的. ∎

定理 2.1.3 设 p 为 0 或素数, 则 ACF_p 是完全的.

证明 根据 §1.4 中的 Vaught 判别法, 定理 2.1.3 立即可得. ∎

下面我们来考察代数闭域的可判定性.

定义 2.1.4 称 $\mathcal{L}$-理论 T 是可判定的, 假如存在一个算法, 对于任意 $\mathcal{L}$-语句 φ, 可决定 $T \vDash \varphi$ 的真假.

引理 2.1.5 假如 T 是公理化的完全的理论, 它在某个递归语言 $\mathcal{L}$ 中可满足, 则 T 是可判定的.

证明 因为 T 是可满足的, 所以两个语句的集合 $A = \{\varphi : T \vDash \varphi\}$ 和 $B = \{\varphi : T \vDash \neg\varphi\}$ 是不相交的. 又由于 T 是和谐的, $A \cup B$ 是所有 $\mathcal{L}$-语句的集合. 根据完全性定理, $A = \{\varphi : T \vdash \varphi\}$, $B = \{\varphi : T \vdash \neg\varphi\}$. 因为语言 $\mathcal{L}$ 是递归的, 所以 A 和 B 都是递归可枚举集. 又由递归论可知, 如果一个集合及其补集均为递归可枚举集, 则该集为递归集. 这样, $A = \{\varphi : T \vDash \varphi\}$ 是递归的. ∎

定理 2.1.6 如果 p 是 0 或素数, 则 ACF_p 是可判定的. 作为特例, 复数域的一阶理论 $\mathrm{Th}(\mathbb{C})$ 是可判定的.

读者需注意, 有些不是代数闭域的理论也是可判定的. 例如整数的理论 (一个整环的理论) $\mathrm{Th}(\mathbb{Z})$ 就是可判定的.

由于理论的可判定性本身也是模型论的一个重要课题, 因此下面我们要用别的方法来证明 $\mathrm{Th}(\mathbb{Z})$ 的可判定性. 对于只关心代数闭域的读者或可略去这一部分. 先来证明几个引理.

假定 $\bar{a}$ 和 $\bar{b}$ 为 $\mathbb{Z}$ 中的 n 元数组, m 为自然数. 称 $\bar{a}$ 和 $\bar{b}$ 是 m-等价的, 假如对任意的 m-项 $t(\bar{x})$, 有

(1) $\mathrm{Th}(\mathbb{Z}) \vDash t(\bar{a}) > 0 \Leftrightarrow t(\bar{b}) > 0$;

(2) $\mathrm{Th}(\mathbb{Z}) \vDash t(\bar{a}) \equiv t(\bar{b}) \pmod{q}$ 对一切 $1 \leqslant q \leqslant m$ 成立, 这里 m-项是指 $t(\bar{x}) = \sum_{i<m} s_i$, $s_i = 0$ 或 1, 或 x_j, 或 $-x_j$, $j < n$, $\bar{x} = (x_0, x_1, \cdots, x_{n-1})$. 注意到假如 $\bar{a}$ 是 m-等价于 $\bar{b}$ 的, 则对于一切 $m' < m$, $\bar{a}$ 是 m'-等价于 $\bar{b}$ 的. 而且, 如果 $\bar{a} = (a_0, a_1, \cdots, a_{n-1})$, $\bar{b} = (b_0, b_1, \cdots, b_{n-1})$, 那么

$\bar{a}$ 和 $\bar{b}$ 是 m-等价的 $\Leftrightarrow \forall i \forall j [0 \leqslant i \leqslant n-1, 1 \leqslant j \leqslant m \Rightarrow a_i \equiv b_i \pmod{j}]$.

引理 2.1.7 设 m 为正整数, $\bar{a}$ 和 $\bar{b}$ 为 $\mathbb{Z}$ 中 n 元数组. 假如 $\bar{a}$ 和 $\bar{b}$ 是 m^{2m}-等价的, 则对于 $\mathbb{Z}$ 中的任一数 c, 存在 $\mathbb{Z}$ 中的一个元素 d 使得 $n+1$ 元数组 $\bar{a}c$ 和 $\bar{b}d$

是 m-等价的.

证明 取数 c 并考虑形如

$$t(\bar{a}) + ic \equiv j \pmod{j}$$

的所有真语句, 这里 $t(\bar{x})$ 为 $(m-1)$-项, $0 < i < m$, $j \leqslant q \leqslant m$. 由于 $\bar{a}$ 和 $\bar{b}$ 是 m^{2m}-等价的, $t(\bar{a})$ 和 $t(\bar{b})$ 必定关于 $m!$ 同余. 设 α 是 c 被 $m!$ 整除后的余数. 如果 d 是 $\mathbb{Z}$ 中和 α 关于 $m!$ 同余的元素, 则当 $t(\bar{a}) + ic \equiv j \pmod{q}$, 就有

$$t(\bar{b}) + id \equiv j \pmod{q}.$$

这就告诉我们如何找到 d 以满足条件 (2).

现在证明 (1) 式也成立. 考虑所有下面的真命题:

(3) $t(\bar{a}) + ic > 0$, $t(\bar{a}) + ic \leqslant 0$. 这里 $t(\bar{x})$ 是 $(m-1)$-项, $0 < i < m$. 在乘以适当的整数以后, 可将这些不定式变为

(4) $t(\bar{a}) + m!c > 0$, $t(\bar{a}) + m!c \leqslant 0$. 这里 $t(\bar{x})$ 是 $m!(m-1)$-项, $0 < i < m$. 以显然的方式取最大值和最小值, 可将上式归结为下面的条件:

(5) $-t_1(\bar{a}) < m!c \leqslant -t_2(\bar{a})$. 以及一个不含 c 的不等式集合 $\Phi(\bar{a})$ (有可能会得到一个单一不等式, 如果 $m!c$ 仅有一边被囿界的话). 所以, 由 (5) 可知存在 $\mathbb{Z}$ 中的数 x 满足

(6) $-t_1(\bar{a}) < x \leqslant -t_2(\bar{a})$.

而且 x 与 $m!\alpha$ 同余 $\pmod{(m!)^2}$.

现在, $-t_1(\bar{c})$ 至多是一个 $m!(m-1)$-项, 所以根据假设, 它与 $-t_1(\bar{b})$ 关于模 $(m!)^2$ 同余; 类似的结果对 $-t_2(\bar{b})$ 亦真. 因此也有 $\mathbb{Z}$ 中的数 y 满足

$$-t_1(\bar{b}) < y \leqslant -t_2(\bar{b}),$$

且 y 与 $m!\alpha$ 同余 $(\bmod (m!)^2)$. 设 $d = y/m!$, 则 d 关于模 $m!$ 与 α 同余. 我们有

$$-t_1(\bar{d}) < m!d \leqslant -t_2(\bar{d})$$

§2.1 代数闭域的完全性和可判定性

(参考公式 (5)), 以及不等式集 $\Phi(\bar{b})$ 亦成立, 因为在最坏的情况可应用 $m! \cdot 2(m-1)$-项. 结合公式 (3)~ 公式 (5) 就相应地有

$$t(\bar{a}) + ic > 0 \Leftrightarrow t(\bar{b}) + id > 0,$$

这里 $t(\bar{x})$ 是 $(m-1)$-项且 $0 < i < m$, 这样 d 满足本引理. ∎

现在我们就来证明 $\mathrm{Th}(\mathbb{Z})$ 的可判定性.

定理 2.1.8 整数集的理论 $\mathrm{Th}(\mathbb{Z})$ 是可判定的.

证明 首先证明对于 $\mathbb{Z}$ 中的任意数组 $\bar{a}$ 和任意数 $k < \omega$, 可以找到满足以下条件的上界 $\delta(\bar{a}, k)$:

(∗) 对任意的 c 存在 d 使得 $|d| < \delta(\bar{a}, k)$, 而且 $\bar{a}c$ 和 $\bar{a}d$ 是 m_k-等价的. 这里 m_k 归纳定义为 $m_0 = 3, m_{i+1} = m_i^{2m_i}$.

在引理 2.1.8 的证明中, 我们发现 $\delta(\bar{a}, k)$ 可选取为 $m^{2m} \cdot \mu$, 这里 $m = m_k$, $\mu = \max\{|a_i| : a_i$ 是 $\bar{a}$ 中出现的数字$\}$.

现在施归纳于 $\mathcal{L}$-公式 $\varphi(\bar{x})$ 的量词个数 k. 假定 $\bar{a}$ 为 $\mathbb{Z}$ 中的 n 元数组. 我们要证明在有限的步骤内可以判定出 $\mathbb{Z} \vDash \varphi(\bar{a})$ 的真假. 假设 φ 为 $\exists y \psi(\bar{x}, y)$, 这里 ψ 有量词 $k-1$ 个. 假如有 c 满足 $\mathbb{Z} \vDash \psi(\bar{a}, c)$, 则存在满足 $c < \delta(\bar{a}, k-1)$ 的 c. 所以我们仅需要对有穷多个 c 检查 $\mathbb{Z} \vDash \psi(\bar{a}, c)$ 的真假. 根据归纳假设, 我们可在有穷多步完成此一过程. ∎

现在我们回到代数闭域. 定理 2.1.7 可以有下面的推论, 而由这个推论可以得出一个重要的结果.

推论 2.1.9 设 φ 为环的语言 L_R 中的语句, 则下列命题等价:

i) $\mathbb{C} \vDash \varphi$, $\mathbb{C}$ 是复数域.

ii) $\mathrm{ACF}_0 \vDash \varphi$.

iii) 对于足够大的素数 $p, \mathrm{ACF}_p \vDash \varphi$.

iv) 对于任意大的素数 $p, \mathrm{ACF}_p \vDash \varphi$.

证明 ii) ⇒ i). $\mathbb{C}$ 为特征为 0 的代数闭域, 且超越度为 $2^{\aleph_0}$, $\mathrm{ACF}_0 \vDash \varphi$ 成立是指对于任意超越度成立.

i) $\Rightarrow$ ii). 因为 ACF_0 是完全的, 所以或者 $ACF_0 \vDash \varphi$ 或者 $ACF_0 \vDash \neg\varphi$. 但假如 $ACF_0 \vDash \neg\varphi$, 则 $\mathbb{C} \vDash \neg\varphi$, 矛盾, 因为代数闭域范畴于一切不可数基数.

ii) $\Rightarrow$ iii). 假如 $ACF_0 \vDash \varphi$, 由于证明在有穷步完成, 所以存在 n, 使得 $ACF \cup \{\neg\varphi_1, \cdots, \neg\varphi_n\} \vDash \varphi$. 显然, 假如素数 $p > n$, 则 $ACF_p \vDash \varphi$.

iii) $\Rightarrow$ iv). 显然.

iv) $\Rightarrow$ ii). 假定 $ACF_0 \nvDash \varphi$, 则由于 ACF_0 的完全性, $ACF_0 \vDash \neg\varphi$, 由 ii) $\Rightarrow$ iii), 对于足够大的素数 p, $ACF_p \vDash \neg\varphi$. 再由 iii) $\Rightarrow$ iv), 对于任意大的素数 p, $ACF_p \vDash \neg\varphi$. 因此, $ACF_0 \vDash \neg\varphi$, 矛盾. ∎

由上述推理可以得出以下意想不到的结果.

定理 2.1.10 设 $f: \mathbb{C}^n \to \mathbb{C}^n$ 为一多项式映射. 假如 f 是一一的, 则 f 是在上的.

证明 首先我们注意到, 可以写出 L_R-语句 Φ_d 使得 (域 $F \vDash \Phi_d \Leftrightarrow f$ 是一一的) $\Rightarrow f$ 是在上的, 这里 $f: F^n \to F^n$ 是域 F 上的任意多项式映射, 其每个坐标函数的度数至多为 d. 这样根据推论 2.1.10, 只需证明对于足够大的素数 p, $ACF_p \vDash \Phi_d$ 对一切 $d \in \mathbb{N}$ 成立. 又由于 ACF_p 是完全理论, 所以只需证明: 假如 k 是 p 元素的代数闭包, 则任何一一的多项式映射 $f: K^n \to K^n$ 是在上的.

现在假设 $f: K^n \to K^n$ 是多项式映射, 则存在有穷子域 $K_0 \subset K$ 满足所有 f 的系数均来自 K_0. 设 $\bar{x} \in K^n$, 存在有穷的 $K_1 \subset K$ 满足 $K_0 \subseteq K_1$, 而且 $\bar{x} \in K_1^n$. 由于 $f: K_1^n \to K_1^n$ 是一一的, 且 K_1 是有穷的, $f \restriction K_1$ 必为在上的. 这样 $\bar{x} = f(\bar{y})$, $\bar{y} \in K_1^n$. 因此 f 是在上的. ∎

§2.2 代数闭域的量词可消去

结合定理 1.6.1 和引理 1.6.2, 可证明代数闭域的理论 T 是量词可消去的, 为此只需证实定理 1.6.1 中的条件 2) 对于每一个形如 $\exists w \theta(\bar{v}, w)$ 的公式 $\varphi(\bar{v})$ 成立即可, 这里 $\theta(\bar{v}, w)$ 不含量词.

定理 2.2.1 ACF 量词可消去.

证明 设 F 为一域, K 和 L 为 F 的两个代数闭开拓. 又设 $\varphi(v, \bar{w})$ 为无量词公式, $\bar{a} \in F$, $b \in K$ 且 $K \vDash \varphi(b, \bar{a})$. 我们必须证明 $L \vDash \exists v \varphi(v, \bar{a})$.

存在多项式 $f_{ij}, g_{ij} \in F[X]$ 满足 $\varphi(v,\bar{a})$ 等价于

$$\bigvee_{i=1}^{l}\left(\bigwedge_{j=1}^{m} f_{ij}(v) = 0 \wedge \bigwedge_{j=1}^{n} g_{ij}(v) \neq 0\right).$$

因此

$$K \vDash \bigwedge_{j=1}^{m} f_{ij}(b) = 0 \wedge \bigwedge_{j=1}^{n} g_{ij}(b) \neq 0$$

对某个 i 成立.

设 $\tilde{F}$ 为 F 的代数闭包, 可将其看成 K 和 L 的一个子域. 假如对于 $j = 1, 2, \cdots, m$, 有任何 f_{ij} 不恒等于 0, 则 $b \in \tilde{F} \subseteq L$, 从而得证. 否则, 有

$$\bigwedge_{i=1}^{n} g_{ij}(b) \neq 0.$$

注意到 $g_{ij}(x) = 0$ 有有穷多个解, 设 $\{c_1, \cdots, c_s\}$ 为 L 中的元素满足对于 $j = 1, \cdots, m$, $g_{ij}(c_1) = g_{ij}(c_2) = \cdots = g_{ij}(c_s) = 0$. 这样, 假如我们取 L 中任意元素 d 满足 $d \notin \{c_1, \cdots, c_s\}$, 则 $L \vDash \varphi(d, \bar{a})$. ∎

§2.3 Zariski 闭集和可构成集

在本节中我们要引出 Zariski 闭集和可构成集的概念. 再用 Hilbert 基本定理证明不存在无穷 Zariski 闭集的递降序列和 Zariski 在任意交之下是封闭的. 然后证明对于代数闭域来说, 可构成集和可定义集这两个概念是一致的. 最后证明 Hilbert 的 Nullstellensatz 定理. 先给出一些定义和记号, 以及有关的基本性质.

定义和记号 2.3.1 假定 K 是一个域, $k[X_1, \cdots, X_n]$ 表示 K 上的多项式环, $S \subseteq K[X_1, \cdots, X_n]$, $p(\bar{X}) \in K[X_1, \cdots, X_n]$.

1) $V(S) = \{\bar{a} \in K^n : (\forall p \in S) p(\bar{a}) = 0\}$. 假如 S 是有穷的, 比如

$$S = \{f_i \in K[\bar{X}] : i = 1, 2, \cdots, n\},$$

则称 $V(S)$ 为 K^n 上的代数子集 (algebraic subset).

2) 假如 $Y \subseteq K^n$, 设

$$I(Y) = \{f \in K[\bar{X}] : (\forall \bar{a} \in Y) f(\bar{a}) = 0\}.$$

3) 称 $X \subseteq K^n$ 为 Zariski 闭集, 如果存在 $S \subseteq K[\bar{X}]$ 使得 $X = V(S)$. 因此, Zariski 闭集就是 K 上的某个 n 元多项式的解空间.

4) 记 $\sqrt{I} = \{a \in K : \exists_n a^n \in I\}$. 假如 $I = \sqrt{I}$, 则称 I 是根式的 (radical).

命题 2.3.2 1) 假如 $Y \subseteq K[\bar{X}]$, I 是由 Y 生成的理想, 则 $V(I) = V(Y)$.

2) $I(Y)$ 是一个理想.

证明 1) 留作练习.

2) 假定 $p, q \in I(Y), f \in K[X]$. 如果 $\bar{a} \in Y$, 则 $p(a) + q(a) = 0$, 而 $f(a) \cdot p(a) = f(a) \cdot 0 = 0$, 所以 $p + q \in I(Y), fp \in I(Y)$, 从而 $I(Y)$ 是一个理想. ∎

引理 2.3.3 假定 K 是一个域.

1) 如果 $X \subseteq K^n$, 则 $I(X)$ 是一个根式理想.

2) 假如 X 是 Zariski 闭的, 则 $X = V(I(X))$.

3) 假如 X 和 Y 都是 Zariski 闭的, 且 $X \subseteq Y \subseteq K^n$, 则 $I(Y) \subseteq I(X)$.

4) 如果 $I(X) = I(Y)$, 则 $X = Y$.

5) 假如 $X, Y \subseteq K^n$ 且是 Zariski 闭的, 则 $X \cup Y = V(I(X) \cap I(Y))$, 而且 $X \cap Y = V(I(X) + I(Y))$, 这里 $I(X) + I(Y) = \{f + g : f \in I(X), g \in I(Y)\}$.

证明 1) 在前述命题 2.3.2 中已证明 $I(X)$ 是一个理想, 只需证明它也是根式的即可. 事实上, 假如 $f^n \in I(X), a \in X$, 则 $f^n(a) = 0$, 因而 $f(a) = 0$. 这样 $f \in I(X)$.

2) 假设 $a \in X, p \in I(X)$, 则 $p(a) = 0$, 所以 $a \in V(I(X))$. 于是 $X \subseteq V(I(X))$. 反之, 假如 $a \in V(I(X))$, 但 $a \notin X$, 则存在 $p \in I(X)$ 使得 $p(a) \neq 0$, 矛盾.

3) 假如 $a \in X$ 且 $p \in I(Y)$, 因为 $a \in Y, p(a) = 0$, 所以 $p \in I(X)$. 这样 $I(Y) \subseteq I(X)$.

4) 由 3) 可立即得出.

5) $a \in X \cup Y \Rightarrow a \in X \vee a \in Y \Rightarrow \forall f \in I(X), f(a) = 0$, 而且

$$\forall g \in I(Y), g(a) = 0 \Rightarrow a \in V(I(X) \cap I(Y)),$$

$$a \notin X \cup Y \Rightarrow a \notin X \text{ 且 } a \notin Y$$

$$\Rightarrow \text{ 对于 } p \in I(X), p(a) \neq 0, q \in I(Y), q(a) \neq 0$$

$$\Rightarrow p(a)q(a) \neq 0.$$

但 $pq \in I(X) \cap I(Y)$, 所以 $a \notin V(I(X) \cap I(Y))$.

现在再来证第二个结论. 假如 $a \notin X \cap Y$, 比如说 $a \notin X$, 那么存在 $p \in I(X) \subseteq I(X) + I(Y)$, 满足 $p(a) \neq 0$. 于是 $a \notin V(I(X) + I(Y))$.

同样可证明如果 $a \notin Y$, 则 $a \notin V(I(X) + I(Y))$. 这样就有 $V(I(X) + I(Y)) \subseteq X \cap Y$.

又设 $a \in X \cap Y, f \in I(X), g \in I(Y)$. 那么 $f(a) = 0, g(a) = 0$. 所以 $(f+g)(a) = 0, f + g \in I(X) + I(Y)$. 因此 $a \in V(I(X) + I(Y))$. ∎

由前述引理可看出, 如果 X, Y 是 Zariski 闭的, 则 $X \cap Y, X \cup Y$ 也都是 Zariski 闭的. 这样 Zariski 闭集在有穷并和有穷交之下是封闭的. 其实由以下著名的定理还可以推出 Zariski 闭集在任意交之下都是封闭的.

定理 2.3.4 (Hilbert 基定理)　假如 K 为一域, 则多项式环 $K[X_1, \cdots, X_n]$ 是一个 Noetherian 环, 亦即不存在无穷递升的理想链. 因而, 每一个理想都是有穷生成的.

本定理可见于任何一个代数书, 比如 T. W. Hungerford 的 *Algebra* 一书的第 391 页.

引理 2.3.5　1) 不存在无穷 Zariski 闭集的递降序列.

2) 假如对于 $i \in I, X_i$ 为 Zariski 闭集, 则存在有穷的 $I_0 \subseteq I$ 使得

$$\bigcap_{i \in I} X_i = \bigcap_{i \in I_0} X_i$$

成立. 特别地, Zariski 闭集的任意交集也是 Zariski 闭集.

证明　1) 用反证法. 假设 $X_0 \supset X_1 \supset X_2 \supset \cdots$ 为 Zariski 闭集的递降序列, 则由引理 2.3.3 的 3), 有 $I(X_0) \subset I(X_1) \subset I(X_2) \subset \cdots$. 这样就存在一个递升的素理想的序列, 矛盾于 Hilbert 基定理.

2) 亦用反证法. 假如不然, 那就有 Zariski 闭集 $X_1, X_2, \cdots$ 使得

$$\bigcap_{i=1}^{n+1} X_i \subset \bigcap_{i=1}^{n} X_i,$$

对于一切 $n = 1, 2, \cdots$ 成立, 这矛盾于本引理的 1). ∎

注意到 $V(1) = \varnothing$ 和 $V(0) = K^n$, 而 Zariski 闭集在有穷并以及任意交之下是封闭的, 所以 Zariski 闭集形成一个拓扑意义上的闭集. 这个拓扑就称作 Zariski 拓扑.

设 $\mathcal{M} = (M, \cdots)$ 是语言为 $\mathcal{L}$ 的结构. 称 $X \subseteq M^n$ 为可定义集, 如果存在 $\mathcal{L}$-公式 $\varphi(\bar{v}, \bar{w})$ 和 $\bar{b} \in M^n$ 使得 $X = \{\bar{a} \in M^n : \mathcal{M} \vDash \varphi(\bar{a}, \bar{b})\}$, 亦称 $\varphi(\bar{v}, \bar{b})$ 定义了 X. 称 X 是 A-可定义的或 X 定义于 A, 假定存在 $\mathcal{L}$-公式 $\psi(\bar{v}, \bar{w})$ 和 $\bar{b} \in A^m$ 使得 $\psi(\bar{v}, \bar{b})$ 定义 X.

下面我们要引出可构成集的概念.

定义 2.3.6 设 K 为一域. 称 $X \subseteq K^n$ 为可构成集, 如果它是 Zariski 闭集的有穷 Boole 组合.

引理 2.3.7 设 K 为一域, 则原子公式定义的 K^n 的子集恰是对某个 $p \in K[\bar{X}]$ 的 $V(p)$, 而 K 的无量词公式定义的子集恰是 Zariski 闭集的 Boole 组合.

证明 假如 $\varphi(\bar{x}, \bar{y})$ 是一个 $\mathcal{L}$-原子公式, 则存在 $q(\bar{x}, \bar{y}) \in \mathbb{Z}[\bar{X}, \bar{Y}]$ 满足 $\varphi(\bar{x}, \bar{y})$ 等价到 $q(\bar{x}, \bar{y}) = 0$. 假如 $X = \{\bar{x} : \varphi(\bar{x}, \bar{a})\}$, 则 $X = V(q(\bar{x}, \bar{a}))$, 而 $q(\bar{x}, \bar{a}) \in K[\bar{X}]$.

另一方面, 假如 $p \in [\bar{X}]$, 则有 $q \in \mathbb{Z}[\bar{X}, \bar{Y}]$ 和 $\bar{a} \in K^m$ 使得 $p(\bar{x}) = q(\bar{x}, \bar{a})$. 因此 $V(p)$ 被无量词公式 $q(\bar{x}, \bar{a}) = 0$ 定义.

假如 X 为 Zariski 闭集, 则由 Hilbert 基定理, 存在 $p_1, \cdots, p_n$, 满足 $X = V(p_1, \cdots, p_n) = V(p_1) \cap \cdots \cap V(p_n)$.

因为无量词可定义集恰是那些原子可定义集的有穷 Boole 组合, 这些无量词可定义集就恰是那些 Zariski 闭集的 Boole 组合. ∎

定理 2.3.8 设 K 为一代数闭域, 则

1) $X \subseteq K^n$ 可构成集当且仅当它是可定义集.
2) 可构成集在多项式映射下仍为可构成集 (Chevalley 定理).

证明 1) 由引理 2.3.7, 可构成集恰恰是那些无量词公式定义的集合, 而在本章 §1.2, 我们知道代数闭域是量词可消去的, 所以每一个可定义集都可由无量词公式定义.

2) 设 $X \subseteq K^n$ 为一可构成集, $p: K^n \to K^m$ 为一多项式映射, 那么 X 在 p 映射下的像为

$$p(X) = \{y \in K^m : \exists x \in K^n, p(x) = y\}.$$

这个集合为可定义, 从而由 1) 是可构成的. ∎

§2.4 代数闭域的强极小性

在本节中我们要引出强极小性 (strong minimality) 这个重要的概念并证明代数闭域 ACF 是强极小的.

定义 2.4.1 称 $\mathcal{L}$-理论 T 是强极小的 (strongly minimal), 假如它的任何模型 $\mathcal{M}$ 的可定义子集都是有穷或补有穷的.

定义和记号 2.4.2 称 $b \in M$ 是在 A 上代数的, 假如存在公式 $\varphi(x, \bar{w})$, $\bar{a} \in A$ 使得 $\mathcal{M} \models \varphi(b, \bar{a})$, 而且 $\{y \in M : \mathcal{M} \models \varphi(y, \bar{a})\}$ 有穷. 记 $\mathrm{acl}(A) = \{x : x \text{ 是在 } A \text{ 上代数的}\}$, 称作 A 的代数闭包. 假如 $\mathrm{acl}(A) = A$, 则称 A 是代数闭的.

定理 2.4.3 代数闭域 ACF 是强极小的.

证明 假设 K 为任一代数闭域. 由代数闭域量词可消去的性质, 如果 $X \subseteq K$ 为任一代数闭集, 则 X 是形如 $V(p)$ 的集合的 Boole 组合, 这里 $p \in K[\bar{X}]$. 但 $V(p)$ 或者是有穷的或者是 K 的全体 (当 $p = 0$ 时, 为后者). ∎

我们还可以用上面的结果来证明一个代数学中的著名定理, 证明中也要用到代数闭域的理论是模型完全的这一事实.

首先由引理 2.3.3, $X \mapsto I(X)$ 可看成是一个映射, 在此映射下, I: Zariski 闭集 $\to K[\bar{X}]$ 中的根式理想. 我们知道, 所谓格就是其中任何两个元素都存在并和交的偏序结构. 而由该引理可知, 映射 I 就是将 Zariski 闭集这个格转换为根式理想这个格. 也就是说, I 是这两个格之间的映射.

命题 2.4.4 假定 K 为一代数闭域, $I \subseteq K[\bar{X}]$ 为一理想, $1 \notin I$, 则 $V(I) \neq \emptyset$.

证明 根据 Hilbert 基定理, $K[\bar{X}]$ 是 Noetherrian 环, 亦即一切理想都是有穷

生成的, 所以我们可以设 $I = <f_1, \cdots, f_n>$, 这样

$$V(I) = V(f_1, \cdots, f_n).$$

设 $\mathcal{M} \supset I$ 为一极大理想 (maximal ideal). 考察商域 $F = K[\bar{X}]/\mathcal{M}$. 显然 $F \supseteq K$, 因此可以建立从 $K[\bar{X}]$ 到 F 的映射:

$$(X_1, \cdots, X_n) \mapsto (x_1, \cdots, x_n).$$

注意前者属于 $K[X_1, \cdots, X_n]$, 而后者属于 F. 又因为 F 是由 $\mathcal{M} \supset <f_1, \cdots, f_n>$ 的同余类构成的商域, 所以

$$F \vDash \bigwedge_{i=1}^{n} f_i(\bar{v}) = 0.$$

这样 F 的闭域 $\bar{F} \vDash \exists \bar{v} \bigwedge_{i=1}^{n} f_i(\bar{v}) = 0$. 注意到 $K \subseteq \bar{F}$, 而代数闭域是模型完全的, 因此 $K \vDash \exists \bar{v} \bigwedge_{i=1}^{n} f(\bar{v}) = 0$. 所以存在 $\bar{a} \in K^s$, $\bigwedge f_i(\bar{a}) = 0$. 这样 $\bar{a} \in V(f_1, \cdots, f_n)$. ∎

为了得到代数学中一个著名定理, 需要先引出交换代数中的一个结果.

引理 2.4.5 (主分解定理)　假如 $I \subset K[\bar{X}]$ 为一根式理想, 则存在包含 I 的素理想 $P_1, \cdots, P_m$. 对于适当的 $J \subset \{1, 2, \cdots, m\}$, 满足 $I = P_1 \cap \cdots \cap P_m$, $I \neq \bigcup_{i \in J} P$. 又假如 $Q_1, \cdots, Q_n$ 是另一个具有这个性质的素理想的集合, 则 $n = m$ 且 $\{Q_1, \cdots, Q_n\} = \{P_1, \cdots, P_m\}$.

下面我们就用模型论的方法来证明代数学中著名的 Hilbert-Nullstellensatz 定理.

定理 2.4.6 (Hilbert-Nullstellensatz)　设 K 为一代数闭域. I 和 J 为 $K[\bar{X}]$ 中的根式理想, 并且 $I \subset J$, 则 $V(J) \subset V(I)$. 这样 $X \mapsto I(X)$ 是相应的 Zariski 闭集和根式理想之间的一个双射.

证明　设 $p \in J \backslash I$. 由主分解定理 (primary decomposition), 存在素理想 $P \supseteq I$ 满足 $p \notin P$. 我们将证明存在 $x \in V(P) \subseteq V(I)$ 满足 $p(x) \neq 0$. 于是 $V(I) \neq V(J)$. 由于 P 是素理想, $F = K[\bar{X}]/P$ 为一整环 (integral domain), 从而有它的商域的代数闭包, 设为 $\bar{F}'$.

设 $q_1, \cdots, q_m \in K[X_1, \cdots, X_n]$ 生成 J, a_i 为 $\bar{F}'$ 中的元素 x_i/P, 由于对每一个 $q_i \in P$ 和 $p \notin P$, 有
$$\bar{F}' \vDash \bigwedge_{i=1}^{m} q_i(\bar{a}) = 0 \wedge p(\bar{a}) \neq 0.$$

这样,
$$\bar{F}' \vDash \exists \bar{w} \left(\bigwedge_{i=1}^{m} q_i(\bar{w}) = 0 \wedge p(\bar{w}) \neq 0 \right).$$

但 $K \subseteq \bar{F}'$, 由代数闭域是模型完全的这一事实, 就有
$$K \vDash \exists \bar{w} \left(\bigwedge_{i=1}^{m} q_i(\bar{w}) = 0 \wedge p(\bar{w}) \neq 0 \right).$$

这样, 存在 $\bar{b} \in K^s$ 满足 $q_1(\bar{b}) = 0, \cdots, q_m(\bar{b}) = 0$, 且 $p(\bar{b}) \neq 0$, 所以 $\bar{b} \in V(P) \backslash V(J)$. ∎

推论 2.4.7 假如 $J \subseteq K[\bar{X}]$ 为一根式理想, 则 $J = I(V(J))$.

定理 2.4.8 设 K 为一代数闭域, $A \subseteq K$. 那么, $a \in \mathrm{acl}(A)$ 当且仅当 a 是在由 A 生成的某个的子域上代数的.

证明 假定 k 为 A 生成的域, a 是在 k 上代数的, 则有多项式 $q_0(X_1, \cdots, X_n), \cdots, q_m(X_1, \cdots, X_n) \in \mathbb{Z}[X_1, \cdots, X_n]$ 和 $b_1, \cdots, b_n \in A$ 使得 $p(Y) = \sum_{i=0}^{m} q(b_1, \cdots, b_n) Y^i$ 为一非零多项式, 而 $p(a) = 0$.

设 $\varphi(x, \bar{y})$ 为一环的语言 $\mathcal{L}_r$ 中的公式 $\sum q_i(y) x^i = 0$. 这样 $\varphi(a, \bar{b})$ 为有穷公式, $\{x \in K : K \vDash \varphi(x, \bar{b})\}$ 为有穷集, 从而 $a \in \mathrm{acl}(A)$.

反之, 假设 $\bar{b} \in A$, $\{x \in K : \varphi(x, \bar{b})\}$ 为有穷集, 且 $K \vDash \varphi(a, \bar{b})$, 但 a 不是在 k 上代数的, 亦即 a 是在 k 上超越的 (transcendental over k). 设 c 为任意不同于 a 的在 k 上超越的元素, 则存在 K 的自同构 σ 在 k 上为恒等映射, 但 $\sigma(a) = c$. 由于同构蕴涵等价, 所以 $K \vDash \varphi(c, \bar{b})$. 因为 c 的选择是无穷的, 从而引出一个矛盾. ∎

§2.5 代数闭域的映像可消去

首先考察代数闭域中可定义的等价关系和等价类. 我们要证明假如 K 是代数闭域, E 是 K^n 上可定义的等价关系, 则存在可定义函数 $f : K^n \to K^m$, $m \in \omega$, 使得 $\bar{x} E \bar{y} \Leftrightarrow f(\bar{x}) = f(\bar{y})$. 因为 $\bar{x} E \bar{y}$ 意味着 $\bar{x}$ 和 $\bar{y}$ 在商域 K^n / E 中的同一个等价

类, 这样可由确定 f 的像来确定 K^n/E 中的元素. 这时, 我们就说在代数闭域中可用等价类来消去上述函数映射的像.

在上一节中, 证明了代数闭域中可定义集恰是那些可构成集, 所以一个可构成的等价关系形成的商域, 可以被看成是一个可构成集.

设 k 为一域, 将 $\bar{x} \in k^{nm}$ 看作一个在 k^n 中的 m 序列 $(\bar{x}_1, \cdots, \bar{x}_m)$. 这样对一切 i, $\bar{x}_i \in k^n$, 定义 $\bar{x}$ 和 $\bar{y}$ 之间的等价关系 E 为 $(\bar{x}_1, \cdots, \bar{x}_m)$ 和 $(\bar{y}_1, \cdots, \bar{y}_m)$ 之间的置换 (permutation). 显然, E 为可定义的等价关系.

引理 2.5.1 假设 $\bar{c} = (\bar{c}_1, \cdots, \bar{c}_m)$ 为 n 元组的序列, 即对于每一个 $1 \leqslant i \leqslant m$, $\bar{c}_i = (c_{i1}, \cdots, c_{in})$, 那么, 存在可定义函数 $f: k^{nm} \to k^l$, 这里 $l \in \omega$, 满足 $\bar{c}E\bar{d} \Leftrightarrow f(\bar{c}) = f(\bar{d})$.

证明 设 $q_i^{\bar{c}}$ 为 $k[\bar{X}, Y]$ 中的多项式

$$Y - \sum_{j=1}^{n} c_{ij} X_j.$$

又设 $p^{\bar{c}} = \prod_{i=1}^{n} q_i^{\bar{c}}$, 且 $f(\bar{c})$ 为 $p^{\bar{c}}$ 的系数的序列. 因为 $k[X_1, \cdots, X_n, Y]$ 为唯一可因子化的整环 (unique factorization domain, 见 Hungerford 的 *Algebra* 中 137 页), 所以 $p^{\bar{c}} = q^{\bar{d}} \Leftrightarrow (q_1^{\bar{c}}, \cdots, q_m^{\bar{c}})$ 和 $(q_1^{\bar{d}}, \cdots, q_m^{\bar{d}})$ 互为置换. 这样, $\bar{c}E\bar{d} \Leftrightarrow f(\bar{c}) = f(\bar{d})$. ∎

定义 2.5.2 设 $\mathcal{M}$ 为 $\mathcal{L}$-结构, E 是 M^n 上的可定义等价关系. 对于 $\bar{a} \in M^n$, 设 $\bar{a}/E$ 表示 $\bar{a}$ 的 E 等价类. 对于 $b_1, \cdots, b_m \in M$ 和 $c \in M$, 称 c 是在 $\bar{a}/E, b_1, \cdots, b_m$ 上代数的, 假如存在 $\mathcal{L}$-公式 $\varphi(x, y_1, \cdots, y_n, z_1, \cdots, z_n)$ 满足:

1) $\mathcal{M} \vDash \varphi(c, \bar{a}, \bar{b})$.
2) 假如 $\bar{a}E\bar{a}'$, 则 $\mathcal{M} \vDash \varphi(x, \bar{a}, \bar{b}) \leftrightarrow \varphi(x, \bar{a}', \bar{b}')$, 以及
3) $\{x \in M : \mathcal{M} \vDash \varphi(x, \bar{a}, \bar{b})\}$ 有穷.

注意以上第二条是说明等价关系 E 是在 $\mathcal{M}$ 中唯一可定义的. 称 $\bar{c} = (c_1, \cdots, c_l)$ 是在 $\bar{a}/E, b_1, \cdots, b_m$ 上代数的, 假如每一个 c_i 都是在 $\bar{a}/E, b_1, \cdots, b_m$ 上代数的.

引理 2.5.3 假定 $\bar{c}$ 是在 $\bar{a}/E, \bar{d}, \bar{b}$ 代数的, $\bar{b}$ 是在 $\bar{a}/E, \bar{d}$ 上代数的, 则 $\bar{c}$ 是在 $\bar{a}/E, \bar{d}$ 上代数的.

证明 留作习题.

引理 2.5.4 假设 K 为代数闭域, E 为 K^n 上的可定义等价关系. 设 $\psi(\bar{x}, \bar{y}, \bar{d})$ 定义 E (即 $K \vDash \bar{x} E \bar{y} \Leftrightarrow \psi(\bar{x}, \bar{y}, \bar{d})$). 假如 $\bar{a} \in K^n$, 则存在 $\bar{c} \in K^n$, 它是在 $\bar{a}/E, \bar{d}$ 上代数的, 且满足 $\bar{c} E \bar{a}$.

证明 由于 $\psi(\bar{x}, \bar{y}, \bar{d})$ 定义 E, 就有 $c_1, \cdots, c_m$ 在 $\bar{a}/E, \bar{d}$ 上代数的, $\psi(\bar{x}, \bar{y}, \bar{d}) \equiv \varphi(\bar{x}, \bar{d}) \leftrightarrow \varphi(\bar{y}, \bar{d}) \equiv \bar{x} E \bar{y}$, 这里 $0 \leqslant m \leqslant n$. 取满足此条件的极大的 m, 由定义有

$$K \vDash \exists v_{m+1} \cdots v_n \psi(\bar{c}, \bar{v}, \bar{a}, \bar{d}).$$

假定 $m < n$, 考察

$$X = \{x \in K : K \vDash \exists w_{m+2} \cdots w_n \psi(\bar{c}, x, \bar{w}, \bar{a}, \bar{d})\}.$$

假如 X 为有穷集, 可取 $c_{m+1} \in X$, 它在 $\bar{a}/E, \bar{d}, c_1, \cdots, c_m$ 上是代数的. 由引理 2.5.3, c_{m+1} 是在 $\bar{a}/E, \bar{d}$ 上代数的, 这矛盾于 m 的极大性, 因此必有 $m = n$.

假如 X 为无穷集, 由于代数闭域 K 的强极小性, $K \setminus X$ 为有穷. 因为素域的代数闭包是无穷的, 故可取 $c_{m+1} \in X$, 它是在空集上代数的, 这也矛盾于 m 的极大性, 因此也必有 $m = n$. 这样 $\bar{c} = (c_1, \cdots, c_n)$ 即为所求. ∎

下面我们就来证明本节的主要定理.

定理 2.5.5 设 K 为代数闭域, $A \subseteq K$, E 为 K^n 上的 A-可定义等价关系, 那么对于某个 m 存在一个 A-可定义函数 $f : K^n \to K^m$ 满足

$$\bar{x} E \bar{y} \Leftrightarrow f(\bar{x}) = f(\bar{y}).$$

证明 为简化符号而不失一般性, 可令 $A = \varnothing$.

对于每一个公式 $\varphi(\bar{x}, \bar{y})$ 和 $k > 0$, 设 $\Theta_{\varphi, k}(\bar{y})$ 是以下公式的合取:

1) $\forall \bar{x}(\varphi(\bar{x}, \bar{y}) \to \bar{x} E \bar{y})$;
2) $\forall \bar{x} \forall \bar{z}(\bar{y} E \bar{z} \to (\varphi(\bar{x}, \bar{y}) \leftrightarrow \varphi(\bar{x}, \bar{z})))$;
3) $|\{\bar{x} : \varphi(\bar{x}, \bar{y})\}| = k$.

根据前引理, 对于一切 $\bar{a} \in K^n$, 存在 φ 和 k 满足 $\Theta_{\varphi, k}(\bar{a})$. 由 2), 假如 $\Theta_{\varphi, k}(\bar{a})$ 和 $\bar{b} E \bar{a}$ 成立, 则 $\Theta_{\varphi, k}(\bar{b})$ 成立.

设 $X = \{\bar{a} : \Theta_{\varphi,k}(\bar{a})\}$. 假如 $\bar{a} \in X$, 设 $Y_{\bar{a}} = \{\bar{a} : \varphi(\bar{b},\bar{a})\}$. 这样对于 $\bar{a}, \bar{b} \in X$, $\bar{a}E\bar{b} \Leftrightarrow Y_{\bar{a}} = Y_{\bar{b}}$. 由引理 2.5.1, 存在可定义函数 $f : X \to K^m$ 满足 $Y_{\bar{a}} = Y_{\bar{b}} \Leftrightarrow f(\bar{a}) = f(\bar{b})$.

由紧致性定理, 可有有穷多个 $\varphi_1, \cdots, \varphi_m$ 和 $k_1, \cdots, k_m$ 满足于对 K^n 中的每个元素, 某个 $\Theta_{\varphi_i, k_i}(\bar{y})$ 成立. 设 $X_i = \{\bar{x} : \Theta_{\varphi_i, k_i}(\bar{x})\}$. 存在 $f_i : X_i \to m_i$ 满足 $\bar{a}E\bar{b} \Leftrightarrow f_i(\bar{a}) = f_i(\bar{b}), \bar{a}, \bar{b} \in X_i$.

当 $\bar{x} \notin X_i$ 时, 定义 $f_i(\bar{x}) = 0$ 以将 f_i 开拓至 K^n. 设 $f : K^n \to K^{\Sigma m_i}$ 满足 $f(x) = (f_1(\bar{x}), \cdots, f_m(\bar{x}))$. 这样 $\bar{a}E\bar{b} \Leftrightarrow f(\bar{a}) = f(\bar{b})$ 即为所要求的映射. ∎

习 题 二

1. 证明假如 $Y \subseteq K[X_1, \cdots, X_n]$, I 是由 Y 生成的理想, 则 $V(I) = V(Y)$.

2. 假设 K 为一代数闭域, $S \subseteq K[X_1, \cdots, X_n]$ 为一极大理想, 试证 S 是由 $X_1 - a_1, \cdots, X_n - a_n$ 生成的, 这里 $a_1, \cdots, a_n \in K$.

3. 设 $K \subset L$ 为一代数闭域. $V, W \subseteq L^n$ 为定义在 K 上的 Zariski 闭集. 如果存在 $f : V \to W$ 为定义在 L 上的多项式双射. 试证存在 $g : V \cap K^n \to W \cap K^n$ 为定义在 K 上的多项式双射.

4. 证明引理 2.5.3.

5. 设 T 是每个元素均为 2 阶的 Abel 群的理论. 试证 T 范畴于一切无穷基数但不是完全的, 找出一个完理论 $T' \supset T$ 使得它和 T 有同样的无穷模型.

6. 试证推论 2.4.7, 即假如 $J \subseteq K[\bar{X}]$ 为一根式理想, 则 $J = I(V(J))$ (提示: 应用引理 2.3.3).

第三章 实 闭 域

在本章中要讨论实闭域. 我们希望也能像在代数闭域那样, 证明它是量词可消去的, 从而也是模型完全的. 但是困难之处在于它在环的语言 L_r 中并不是量词可消去的. 事实上, 代数闭域是仅有的在环的语言中量词可消去的无穷域. Macintyre, McKenna 和 van den Driers[MMD] 证明了下面定义序 $x<y$ 的公式

$$\exists z(z^2+x=y \land z \neq 0)$$

不可能等价到一个无量词的公式. 事实上, 序是使得实闭域在环的语言中没有量词可消去性质的唯一障碍. 下面我们将环的语言扩充为 $L=L_r \cup \{<\}$, 并且证明在这个扩充后的语言中, 实闭域是量词可消去的.

我们首先介绍实代数方面的一些基本知识.

§3.1 实代数简介

定义 3.1.1 称 $(F,<)$ 为线性序域, 假如

1) F 为域;
2) "$<$" 是 F 上的一个线性序;
3) $a<b \land c<d \to a+c<b+d$.

定义 3.1.2 称 $P \subseteq F$ 是域 F 上的一个正锥 (positive cone), 假如

1) $0 \in P$, $-1 \notin P$;
2) $x,y \in P \to x+y \in P, xy \in P$;
3) $\forall x(x \in P \lor -x \in P)$.

引理 3.1.3 假如 $(F,<)$ 为线性序域, 则 $P=\{x \in F : x \geqslant 0\}$ 为一正锥.

证明 留作练习.

定义 3.1.4 称域 F 是可序化的 (orderable)，如果存在 F 的一个线性序 $<$ 使得 $(F,<)$ 为线性序域 (ordered field).

引理 3.1.5 F 为可序化的当且仅当 F 有一个正锥 P.

证明 $\Rightarrow$ 即引理 3.1.3.

$\Leftarrow$ 假如 $P \subseteq F$ 为 F 的一个正锥，定义 F 上的一个二元关系

$$x \ll y \leftrightarrow y - x \in P.$$

可以证明 $\ll$ 为 F 上的一个线性序关系 (留作练习). 这样 F 是可序化的. ∎

注意，假如 $P \subseteq F$ 为一正锥，那么如果 $x \in F$，则或者 $x \in P$ 或者 $-x \in P$，因此 $x^2 \in P$. 这样 $P \supseteq F^2$ (F^2 为 F 中元素的平方的集合). 记 $\sum F^2$ 为 F 中元素的平方和的集合，则有以下引理.

引理 3.1.6 对于 F 的一切正锥 P，$\sum F^2 \subseteq P$. 特别地，由于 $-1 \notin P$，$-1 \notin \sum F^2$.

推论 3.1.7 假如 F 是可序化的，则 $-1 \notin \sum F^2$.

定理 3.1.8 F 是可序化的当且仅当 $-1 \notin \sum F^2$.

证明 $\Rightarrow$ 即推论 3.1.7.

$\Leftarrow$ 我们要证明 $\sum F^2$ 为 F 的一个正锥.

显然 $0 \in \sum F^2$. 而 $-1 \notin \sum F^2$. 另外，$\sum F^2$ 的一切元素均在 P 中 (引理 3.1.6), 故而在 F 中. 现在仅需证明 $\sum F^2$ 在加法和乘法的运算下是封闭的. 事实上，在加法下易见. 在乘法下，

$$\left(\sum_{i=1}^n a_i^2\right)\left(\sum_{j=1}^n b_j^2\right) = \sum_{i=1}^n \sum_{j=1}^n (a_i b_j)^2.$$ ∎

如果 F 的子集 P 满足正锥条件的一部分：$-1 \notin P$，且对于一切 $x, y \in P$，有 $x+y \in P$, $x \cdot y \in P$，则 P 称作 F 的一个准正锥 (pre-cone). 考虑 F 的一个准正锥的类：

$$\mathcal{E} = \{P \supseteq \sum F^2 : P \text{ 是 } F \text{ 的一个准正锥}\}.$$

注意这个类被 $\subseteq$ 排序，因此由 Zorn 引理，存在一个极大元.

引理 3.1.9 类 $\mathcal{E}$ 中的极大元 P 为一正锥.

证明 因为 P 为一准正锥, 所以正锥的定义 3.1.2 中的条件 1) 和 2) 已经满足, 因此只需证明定义中的条件 3).

设 $x \in F$. 假定 $x \notin P$, $-x \notin P$. 设 $P_0 = \{\alpha + \beta x : \alpha, \beta \in P\}$, $P_1 = \{\alpha - \beta x : \alpha, \beta \in P\}$.

显然, P_0 和 P_1 在 $+$ 和 $\cdot$ 之下都是封闭的:

$$(\alpha + \beta x) + (\gamma + \delta x) = (\alpha + \gamma) + (\beta + \delta)x \in P_0,$$

$(\alpha + \beta x) \cdot (\gamma + \delta x) = \alpha\gamma + (\beta\gamma + \alpha\delta)x + \beta\delta x^2 = (\alpha\gamma + \beta\delta x^2) + (\beta\lambda + \alpha\delta)x \in P_0$. 最后的一个关系 "$\in$" 成立, 是因为 $P_0 \supset \sum F^2$, 所以 $x^2 \in P_0$.

对于情形 P_1 的证明是类似的.

根据 P 的极大性, P_0 和 P_1 都不是准正锥 (因为否则的话, 由于 $x \in P_0$ 和 $-x \in P_1$, 所以 $P_0 \supset P, P_1 \supset P$, 矛盾). 这样 $-1 \in P_0$, $-1 \in P_1$, 于是在 P 中存在 α, β, γ 和 δ, 满足 $-1 = \alpha + \beta x = \gamma - \delta x$. 这样, $\alpha + 1 = -\beta x, \gamma + 1 = \delta x$, 所以 $\alpha\gamma + \alpha + \gamma + 1 = -\beta\delta x^2$, 亦即 $\alpha\gamma + \alpha + \gamma + \beta\delta x^2 = -1$. 因而 $-1 \in P$, 矛盾. ∎

§3.2 实　　域

定义 3.2.1 称一个域 F 是实域 (形式上实的), 假如 -1 不是一个平方和, 即 $-1 \notin \sum F^2$.

由引理 3.1.5 和定理 3.1.8 可知.

定理 3.2.2 假如 F 为一域, 则下面命题等价:

1) F 是实域;
2) F 是可序化的;
3) F 有一个正锥 $P = \{x \in F : x \geqslant 0\}$.

引理 3.2.3 假如 F 为一实域, $a \in F$ 且 $-a \notin \sum F^2$, 则 $F(\sqrt{a}) = \{x + y\sqrt{a} : x, y \in F\}$ 也是实域.

证明 用反证法. 假若不然, 则

$$-1 = \sum_{i=1}^{n} (x_i + y_i\sqrt{a})^2$$

$$= \sum_{i=1}^{n} (x_i^2 + 2x_iy_i\sqrt{a} + y_i^2 a)$$

$$= \sum_{i=1}^{n} x_i^2 + a\sum_{i=1}^{n} y_i^2 + 2\sum_{i=1}^{n} (\sqrt{a}x_i)(y_i)$$

$$= \sum_{i=1}^{n} x_i^2 + a\sum_{i=1}^{n} y_i^2.$$

(注意到 $F(\sqrt{a})$ 是以 $\{1, \sqrt{a}\}$ 为基的向量空间, 因此 $(\sqrt{a}x_1, \cdots, \sqrt{a}x_n)$, $(y_1, \cdots, y_n)$ 为两个正交的向量, 所以 $\sqrt{a}\vec{x} \cdot \vec{y} = \sum_{i=1}^{n} (\sqrt{a}x_i)(y_i) = 0$. 这样,

$$-a = \frac{\sum_{i=1}^{n} x_i^2 + 1}{\sum_{i=1}^{n} y_i^2} = \frac{1}{\left(\sum_{i=1}^{n} y_i^2\right)^2} \left(\sum_{i=1}^{n} y_i^2\right)\left(\sum_{i=1}^{n} x_i^2 + 1\right) = \frac{\sum_{i=1}^{m} z_i^2}{\left(\sum_{i=1}^{n} y_i^2\right)^2}$$

$$= \sum_{i=1}^{m} \left(\frac{z_i}{\sum y_i^2}\right)^2 \in \sum F^2,$$

矛盾于 $-a \notin \sum F^2$. 注意在上面等式中, $\sum_{i=1}^{n} y_i^2$ 和 $\sum_{i=1}^{n} x_i^2 + 1$ 均为 $\sum F^2$ 的元素, 而正锥在乘法下是封闭的, 因此它们的乘积也是正锥的元素 $\Big($事实上, 如果 $a \in \sum F^2$, $b \in \sum F^2$, 则 $\frac{b}{a} \in \sum F^2$, 因为 $\frac{b}{a} = \frac{1}{a^2} \cdot ab = \frac{1}{a^2} \cdot \sum z_i^2 = \sum \left(\frac{z_i}{a}\right)^2 \in \sum F^2\Big)$. ∎

推论 3.2.4 如果 F 为实域, $a \in F$, 则 $F(\sqrt{a})$ 和 $F(\sqrt{-a})$ 两者之一为实域.

证明 因为 F 是实域, 假如 $-a \notin \sum F^2$, 则 $F(\sqrt{a})$ 为实域; 如果 $a \notin \sum F^2$, 则 $F(\sqrt{-a})$ 为实域. ∎

引理 3.2.5 假如 F 为实域, $f(x) \in F[X]$ 为次数是奇数 n 的多项式, $f(\alpha) = 0$, 则 $F(\alpha)$ 亦为实域.

证明 施归纳于 n.

奠基 假如 f 的次数为 1, 即 $f(x) = x - a$, 则 $F(a) = F$.

归纳 假设 f 的次数 $n > 1$ 为一奇数. 如果 f 是可约多项式, 即 $f = g \cdot h$, 则至少 g 和 h 之一有较低的次数且为奇数. 如果 $f(\alpha) = 0$, 则至少有 $g(\alpha) = 0$ 和 $h(\alpha) = 0$ 之一成立, 故由归纳假设, $F(\alpha)$ 为实域.

现在设 f 为 F 上的不可约多项式, 其次数 n 为奇数, $f(\alpha) = 0$, 并反设 $F(\alpha)$ 不是实域. 这样就有次数至多为 $n-1$ 的多项式 g_i 满足 $-1 = \sum (g_i(\alpha))^2$.

由于 F 是实域, 至少有某个 g_i 不是常数. 因此 $1 + \sum (g_i(\alpha))^2 = 0$. 这样, $1 + \sum (g_i(\alpha))^2 \in (f)$, 从而 $F(\alpha) \cong F[X]/(f)$. 所以有 $q(x) \in F[X]$ 满足

$$1 = \sum (g_i(x))^2 + q(x)f(x).$$

注意到 $\sum (g_i(x))^2$ 有正偶数的次数, 至多 $2n-2$. 这样 q 必有奇数次数至多 $n-2$. 设 β 是 q 的不可约因子的一个根, 所以 $q(\beta) = 0$. 根据归纳假设, $F(\beta)$ 为一实域. 可是 $-1 = \sum (g_i(\beta))^2$, 即 $-1 \in \sum (F(\beta))^2$, 矛盾. ∎

例 3.2.6 1) $\mathbb{Q}$ 为一实域, 因为 $2 = 1 + 1 \in \sum \mathbb{Q}^2$.
2) $\mathbb{Q}(\sqrt{2})$ 为一实域.
3) $\mathbb{Q}(\sqrt{-2})$ 不是实域.
4) $\forall n \in \mathbb{Q}, n > 0$, 则 $\mathbb{Q}(\sqrt{n})$ 是实域, 而 $\mathbb{Q}(\sqrt{-n})$ 不是.

§3.3 实 闭 域

定义 3.3.1 称 R 为一实闭域, 如果它是实域而且它没有真的实代数开拓. 例如实数集 $\mathbb{R}$ 是实闭域, 因为 $\mathbb{C}$ 是 $\mathbb{R}$ 仅有的代数开拓, 但 $-1 = i^2 \in \sum \mathbb{C}^2$, 所以 $\mathbb{C}$ 不是实域.

引理 3.3.2 假如 R 是实闭域, 则

1) 对于一切 $a \in R$, a 或者 $-a$ 有一个平方根;
2) 假如 $f(x) \in R[X]$ 有奇数次数, 则它有一根.

证明 1) 根据推论 3.2.4, $R(\sqrt{a})$ 和 $R(\sqrt{-a})$ 之一为实域, 比如说 $R(\sqrt{a})$ 为实域, 则它有一正锥 P, 所以 $\sqrt{a} \in P$, 或者 $\sqrt{-a} \in P$, 于是 $a \in R^2$.

2) 假如它没有根, 就导致一个真的实代数开拓. ∎

推论 3.3.3 R 为实闭域当且仅当 R 有唯一的序:
$$x > 0 \Leftrightarrow x \in R^2.$$

定义 3.3.4 设 F 为一实域, 称 $R \supseteq F$ 是 F 的实闭包 (real closure), 假如 R 是实闭域而且 R 是 F 的一个代数开拓.

引理 3.3.5 任何实域, 均有一个它的唯一的实闭包.

证明 应用 Zorn 引理可得到一个极大的实代数开拓.

定理 3.3.6 如果 F 是一实域, 则下列命题等价:

1) F 为实闭域;
2) $F(i)$ 是代数闭的;
3) 对于一切 $a \in F, a$ 和 $-a$ 之一为一平方, 且每一个奇次数的多项式有一根.

定理 3.3.7(Tarski) 实闭有序域的理论 RCF 在语言 $\mathcal{L}_{or} = \mathcal{L}_r \cup \{<\}$ 中量词可消去.

证明 应用量词消去的第一判别法.

设 F_0 和 F_1 是 RCF 的两个模型, $(R, <)$ 是它们的共同子结构. 这样 $(R, <)$ 为有序整环 (ordered integral domain). 设 $\mathcal{F}$ 是 R 的分式域 (fractional field) 的实闭包. 由实闭包的唯一性, 可以假定 $(F, <)$ 是 F_0 和 F_1 的子结构.

假设 $\varphi(v, \bar{w})$ 不含量词, $\bar{a} \in R, b \in F_0, F_0 \vDash \varphi(b, \bar{a})$. 需证 $F_1 \vDash \exists v \varphi(v, \bar{a})$. 但只要证 $\mathcal{F} \vDash \exists v \varphi(v, \bar{a})$ 即可.

注意到 $\varphi(v, \bar{a})$ 为不含量词的公式, 所以有多项式 $f_1, \cdots, f_n, g_1, \cdots, g_m \in R[X]$ 满足
$$\varphi(v, \bar{a}) \leftrightarrow \bigwedge_{i=1}^{n} f_i(v) = 0 \wedge \bigwedge_{i=1}^{m} g_i(v) > 0,$$
这样,
$$\varphi(v, \bar{a}) \leftrightarrow \sum_{i=1}^{n} (f_i(v))^2 = 0 \wedge \bigwedge_{i=1}^{m} g_i(v) > 0,$$

将上式中的和式记作 $p(v) = 0$, 则

$$\varphi(v, \bar{a}) \leftrightarrow p(v) = 0 \wedge \bigwedge_{i=1}^{m} g_i(v) > 0.$$

情形 1. p 恒为 0, 这样,

$$\varphi(v, \bar{a}) \leftrightarrow \bigwedge_{i=1}^{m} g_i(v) > 0.$$

因为 F 是实闭域, 根据定理 3.3.6 2), 每一个 $g_i(x)$ 可分解为形如 $x - a$ 和 $x^2 + bx + c$ 的乘积, 这里 $b^2 - 4c < 0$. 线性因子在 a 处改变符号, 而二次因子并不改变符号. 这样就可以找到 $\alpha_1, \cdots, \alpha_l \in \mathcal{L}_{or} \cup \{-\infty\}$, $\beta_1, \cdots, \beta_l \in \mathcal{L}_r \cup \{+\infty\}$ 使得对于 $v \in F_0$,

$$\varphi(v, \bar{a}) \leftrightarrow \bigvee_{i=1}^{l} \alpha_i < v < \beta_i.$$

因为 $F_0 \vDash \varphi(v, \bar{a})$, 对某个 i, $\alpha_i < b < \beta_i$, 则 $\mathcal{F} \vDash \varphi\left(\dfrac{\alpha_i + \beta_i}{2}, \bar{a}\right)$, 所以 $\mathcal{F} \vDash \exists v \varphi(v, \bar{a})$.

情形 2. p 不恒为 0, 则它有解 β, 即 $p(\beta) = 0$. 这样 β 是在 R 上代数的, 所以也是在 F 上代数的. 这样 $F(\beta) \subset F_0$ 是实域, 所以 $\beta \in F$. 于是有

$$\mathcal{F} \vDash \exists v \varphi(v, \bar{a}).$$

推论 3.3.8 RCF 是完全的、模型完全的, 且可判定的.

证明 1) 由模型完全的定义, 量词可消去蕴涵模型完全的.

2) 每一个实闭域均包含 $\mathbb{Q}$, 而它的实闭包, 就是实代数数的集, 为每一个实闭域的初等子模型, 因此它是完全的.

3) RCF 是递归可公理化的且完全的, 从而是可判定的. ∎

定义 3.3.9 一个结构 $(M, <, \cdots)$ 是 o-极小的, 假如 M 的每一个可定义子集是点和区间的有穷并.

推论 3.3.10 一切实闭域 F 均为 o-极小的.

证明 对于 $f(x) \in F$, $\{x : f(x) > 0\}$ 为一区间的并, $\{x : f(x) = 0\}$ 是有穷多个点. ∎

§3.4 半代数集和单元的可分解性

定义 3.4.1 设 F 为有序域. 称 $X \subseteq F^n$ 为半代数的 (semialgebraic) 假如它是有穷多个形如 $\{\bar{x} : p(\bar{x}) > 0\}$ 集合的 Boole 组合, 这里 $p \in F[\bar{X}]$.

实闭域在语言 $\mathcal{L}_{or}$ 中是量词可消去的, 所以半代数集就是那些可定义集.

定义 3.4.2 1) 设 $X \subseteq \mathbb{R}^n$ 为半代数的. 称 X 是 $\mathbb{R}^n$ 中的开集, 如果 $(\forall \bar{x} \in X)(\exists \varepsilon > 0)[B_\varepsilon(\bar{x}) \subseteq X]$, 这里 $B_\varepsilon(\bar{x}) = \left\{\bar{y} : \sum_{i=1}^n (x_i - y_i)^2 < \varepsilon\right\}$ 称作 $\bar{x}$ 的 ε 邻域. 所有这些开集形成了 $\mathbb{R}^n$ 上的 Euclid 拓扑的一个基.

2) 集合 $X \subseteq \mathbb{R}^n$ 的拓扑意义上的闭包为 $\mathrm{cl}(X) = \{\bar{x} : (\forall \varepsilon > 0) B_\varepsilon(\bar{x}) \cap X \neq \varnothing\}$, 有时也记作 $\bar{X}$. 如果 $X = \mathrm{cl}(X)$, 则称 X 在 $\mathbb{R}^n$ 中是闭的.

3) X 的内部为 $\mathrm{Int}(X) = \{\bar{x} : (\exists \varepsilon > 0) B_\varepsilon(\bar{x}) \subseteq X\}$.

下面的引理是实闭域中量词可消去的几何解释.

引理 3.4.3(Tarski-Seidenberg 定理) 半代数集在射影影射 $\sigma : F^m \to F^n$ 下封闭.

引理 3.4.4 假如 $F \vDash \mathrm{RCF}$ 且 $A \subseteq F^n$ 是半代数的, 则 A 在拓扑意义上的闭包也是半代数的.

证明 设 $d(\bar{x}, \bar{y}) = z$ 当且仅当 $\left(z^2 = \sum_{i=1}^n (x_i - y_i)^2\right) \wedge z \geqslant 0$. 这样 A 的闭包就是 $\{\bar{x} : (\forall \varepsilon > 0)(\exists \bar{y} \in A) d(\bar{x}, \bar{y}) < \varepsilon)\}$. 因为这个集合可定义, 从而是半代数的. ∎

定义 3.4.5 称一函数是半代数的, 假如它的图是半代数集.

由于 RCF 是完全理论, 所以我们可以将实数域 $\mathbb{R}$ 的一些结果传送到其他实闭域.

命题 3.4.6 设 F 为一实闭域, $X \subseteq F^n$ 为闭集且有界, f 为连续半代数函数, 则 $f(X)$ 亦为闭的且有界的.

证明 设 $F = \mathbb{R}$, 则 X 是闭的且有界的当且仅当 X 是紧的. 由于连续映射将紧集射为紧集, 所以在连续映射之下, 闭且有界的集合的像是闭的和有界的.

§3.4 半代数集和单元的可分解性

一般地, 存在 $\bar{a}, \bar{b} \in F$ 以及公式 φ 和 ψ, 满足 $\varphi(\bar{x}, \bar{a})$ 定义 X 而 $\psi(\bar{x}, y, \bar{b})$ 定义 $f(\bar{x}) = y$. 假定语句 Φ 断言:

$\forall \bar{u}, \bar{w}$[假如 $\psi(\bar{x}, y, \bar{w})$ 定义一个定义域为 $\varphi(\bar{x}, \bar{u})$ 的连续函数, 而 $\varphi(\bar{x}, \bar{u})$ 是闭的且有界的, 则这个函数的值域也是闭的且有界的].

由上所述, $\mathbb{R} \models \Phi$. 因此由 RCF 的完全性, 以及 $F \models \Phi$, f 的值域也是闭的且有界的.

定义 3.4.7 设 F 是实闭域, $f(\bar{X}) \in F(X_1, \cdots, X_n)$ 为有理函数. 称 f 是正半定的, 如果对一切 $\bar{a} \in F^n$, $f(\bar{a}) \geqslant 0$.

有了上面的准备以后, 我们可以很容易地证明下面著名的定理. 它最先是由 Artin 证明的, 但下面非常简单的模型论的证明法是由 A. Robinson 给出的.

定理 3.4.8(Hilbert 第 17 问题) 假如 f 是正半定的在实闭域 F 上的有理函数, 则 f 必为某些有理函数的平方和.

证明 反设 $f(X_1, \cdots, X_n)$ 为 F 上的正半定有理函数, 它不是一个平方和, 从而存在 $F(\bar{X})$ 上的一个序, 因此 f 为负. 设 R 是开拓这个序的 $F(\bar{X})$ 的实闭包, 则因为在 R 中 $f(\bar{x}) < 0$, $R \models \exists \bar{v} f(\bar{v}) < 0$. 根据 RCF 的模型完全性, $F \models \exists \bar{v} F(\bar{v}) < 0$. 这矛盾于 f 是正半定的假设. ∎

引理 3.4.9 设 $f: \mathbb{R} \to \mathbb{R}$ 是半代数的, 则对于任意开区间 $U \subseteq \mathbb{R}$ 存在一点 $x \in U$ 满足 f 在 x 上连续.

证明 情形 1. 存在开集 $V \subseteq U$ 使得 $f(V)$ 有穷. 取 $b \in f(V)$ 使 $\{x \in V : f(x) = b\}$ 无穷.

由于 $\mathbb{R}$ 为 o-极小 (参见 §7.1), 故存在开集 $V_0 \subseteq V$ 使得 f 在 V_0 上为常数 b (注意: 因为 V_0 是开集, 所以为无穷, 而 $f(V_0)$ 有穷. 根据 Ramsey 定理, V_0 中必有一无穷集在 f 下映射到 $f(V)$ 中的一点).

情形 2. 情形 1 以外的情形, 我们要建立一个 U 的开子集的链 $U = V_0 \supset V_1 \supset V_2 \supset \cdots$ 使得 V_{n+1} 的闭包 $\bar{V}_{n+1}$ 包含在 V_n 中.

给定 V_n, 设 $X = f(V_n)$. 因为 X 为无穷, 由 o-极小性, X 包含区间, 比如说长

度为 $\frac{1}{n}$ 的 (a,b). 集合 $Y = \{x \in V_n : f(x) \in (a,b)\}$ 包含一个适当的开区间 V_{n+1}. 由于 $\mathbb{R}$ 是局部紧的, 就有
$$\bigcap_{n=1}^{\infty} V_n = \bigcap_{n=1}^{\infty} \bar{V}_n \neq \varnothing.$$

假如 $x \in \bigcap_{n=1}^{\infty} \bar{V}_n$, 则 f 在 x 点连续. 根据 RCF 的完全性, 以上事实在 $\mathbb{R}$ 上成立, 则在一切实闭域中成立. ∎

推论 3.4.10 假定 F 为一实闭域, $f : F \to F$ 为一半代数函数, 那么 F 上存在划分 $I_1 \cup I_2 \cup \cdots \cup I_m \cup X$ 满足 X 有穷, I_i 为两两不相交的开区间, 其端点是在 $F \cup \{\pm\infty\}$ 中, f 在每一个 I_i 上连续.

证明 设
$$D = \{x : F \vDash \exists \varepsilon > 0 \forall \delta > 0 \exists y | x - y| < \delta \land |f(x) - f(y)| > \varepsilon\}$$
为 f 的不连续点的集合. 因为 D 为可定义的, 由 o-极小性, D 或者有穷或者有非空的内部. 有前述引理, 如果是后者, 则 f 在其中某点连续, 故不可能. 所以 D 为有穷. 这样 $F \backslash D$ 为区间的有穷并, f 在其上连续.

推论 3.4.11(van den Dries) 设 F 为实闭域, $X \subseteq F^{n+m}$ 为半代数集. 那么存在半代数函数 $f : F^n \to F^m$ 使得对一切 $\bar{x} \in F^n$, 假如有 $\bar{y} \in F^m$ 且 $(\bar{x}, \bar{y}) \in X$, 则 $(\bar{x}, f(\bar{x})) \in X$. 事实上, 可选取 f 使得假如
$$\{\bar{y} \in F^m : (\bar{a}, \bar{y}) \in X\} = \{\bar{y} \in F^m : (\bar{b}, \bar{y}) \in X\},$$
则 $f(\bar{a}) = f(\bar{b})$. f 称做不变的 Skolem 函数.

证明 施归纳于 m. 对每个 m, 我们将证明对于一切 n, 一切可定义集 $X \subseteq F^{n+m}$, 断言成立.

奠基 假定 $m = 1$. 对于 $\bar{a} \in F^n$, 设 $X_{\bar{a}} = \{y : (\bar{a}, y) \in X\}$ ($X_{\bar{a}}$ 可看做 X 关于 $\bar{a}$ 的投影). 由 o-极小性, $X_{\bar{a}}$ 为点与区间的有穷并. 假如 $X_{\bar{a}} = \varnothing$, 设 $f(\bar{a}) = 0$. 假如 $X_{\bar{a}}$ 非空, 定义 $f(\bar{a})$ 如下:

情形 1. 如果 $X_{\bar{a}} = F$, 设 $f(\bar{a}) = 0$.

情形 2. $X_{\bar{a}} \neq F$, $X_{\bar{a}}$ 有最小元 b. 设 $f(\bar{a}) = b$.

§3.4 半代数集和单元的可分解性

情形 3. $X_{\bar{a}} \neq F$, $X_{\bar{a}}$ 的最左端区间为 (c,d). 设 $f(\bar{a}) = \dfrac{c+d}{2}$.

情形 4. $X_{\bar{a}} \neq F$, $X_{\bar{a}}$ 的最左端区间为 $(-\infty, c)$, 设 $f(\bar{a}) = c-1$.

情形 5. $X_{\bar{a}} \neq F$, $X_{\bar{a}}$ 的最左端区间为 $(c,+\infty)$. 设 $f(\bar{a}) = c+1$.

注意到所有情形已经穷尽, 显然 f 可定义, 且如果 $X_{\bar{a}} \neq \varnothing$, 则 $(\bar{a}, f(\bar{a})) \in X$.

归纳 假定命题在 m 时为真. 设 $X \subseteq F^{n+m+1}$. 由归纳假设, 存在 $f: F^{n+1} \to F^m$ 满足假如 $a_1, \cdots, a_m, b \in F$ 且存在 $\bar{z} \in F^m$ 使得 $(\bar{a}, b, \bar{z}) \in X$, 则 $(\bar{a}, b, f(\bar{a}, b)) \in X$. 又由归纳假设, 存在 $g: F^n \to F$ 满足: 假如存在 $\bar{z}$ 和 y, $(\bar{x}, y, \bar{z}) \in X$, 则 $\exists \bar{z}(\bar{x}, g(\bar{x}), \bar{z}) \in X$. 定义 $h: F^n \to F^{m+1}$ 如下: $h(\bar{x}) = (g(\bar{x}), f(\bar{x}))$. 假如 $\bar{a} \in F^n$ 且存在 $y, \bar{z}$ 使得 $(\bar{a}, y, \bar{z}) \in X$, 则 $(\bar{a}, h(\bar{a})) \in X$.

显然, $X_{\bar{a}}$ 的选择仅依赖于 $X_{\bar{a}}$ 本身, 并不依赖于 $\bar{a}$. ∎

推论 3.4.12 设 F 为实闭域, $X \subseteq F^m$ 为半代数的, $\bar{a}$ 为 X 的闭包中的点, 则存在连续半代数函数 $f: (0, r) \to F^n$ 满足 $\forall \varepsilon > 0, f(x) \in X$ 且 $\lim\limits_{\varepsilon \to 0} f(\varepsilon) = \bar{a}$.

证明 设
$$X = \left\{ (\varepsilon, \bar{y}) : \sum_{i=1}^{n} (y_i - a_i)^2 < \varepsilon \right\},$$
且对一切 $\varepsilon > 0$, 有 $\bar{y} \in F^n$ 使得 $(\varepsilon, \bar{y}) \in X$. 由推论 3.4.11, 对于一切 $\varepsilon > 0$, 存在可定义函数 $f: (0, +\infty) \to F^n$, 满足 $(\varepsilon, f(\varepsilon)) \in X$. 又由推论 3.4.10, 存在 $r > 0$ 满足于 f 在 $(0, r)$ 上连续. 于是 $\lim\limits_{\varepsilon \to 0} f(\varepsilon) = \bar{a}$. ∎

推论 3.4.13 设 F 为实闭域, $E \subseteq F^n \times F^n$ 为可定义等价关系. 则存在可定义 $X \subseteq F^n$ 满足对于一切 $\bar{a} \in F^n$ 有唯一的 $\bar{b} \in X$ 使得 $\bar{a} E \bar{b}$. 称这样的 X 为可定义的关于等价关系 E 的一个转换 (transversal).

证明 设 $f: F^n \to F^n$ 为可定义的不变 Skolem 函数. 那么对一切 $\bar{a} \in F^n$, $\bar{a} E f(\bar{a})$, 而且 $\bar{a} E \bar{b} \Rightarrow f(\bar{a}) = f(\bar{b})$. 于是设 $X = f(F^n)$ 即可. ∎

定义 3.4.14 假定 F 为一实闭域. 归纳定义 F^n 中的单元 (cell) 如下:

1) $X \subseteq F^n$ 为 0-单元, 如果它是一个单点.

2) $X \subseteq F$ 为 1-单元, 如果它是一个区间 (a,b), $a < b$, $a \in F \cup \{-\infty\}$, $b \in F \cup \{+\infty\}$.

3) 假如 $X \subseteq F^n$ 为 n-单元, 而且 $f : X \to F$ 为连续可定义函数, 则 $Y = \{(\bar{x}, f(\bar{x})) : \bar{x} \in X\}$ 亦为 n-单元.

4) 假如 $X \subseteq F^n$ 为 n-单元, 而且 $f : X \to F$ 为连续可定义函数或恒等于 $-\infty$, $g : X \to F$ 亦为连续可定义函数或恒等于 $+\infty$. 对一切 $\bar{x} \in X$, $f(\bar{x}) < g(\bar{x})$. 则 $Y = \{(\bar{x}, y) : \bar{x} \in X, f(\bar{x}) < y < g(\bar{x})\}$ 为 $(n+1)$-单元.

为了介绍单元分解定理, 我们先给出实闭域的一致有界性定理.

定理 3.4.15(一致有界性)　　假定 F 为实闭域, $X \subseteq F^n$ 为半代数的, 则存在自然数 N 使得假如 $\bar{a} \in F^n$, $X_{\bar{a}} = \{y : (\bar{a}, y) \in X\}$ 有穷, 则 $|X_{\bar{a}}| < N$.

证明　　首先注意到 $X_{\bar{a}}$ 有穷当且仅当没有区间 (c,d) 满足 $(c,d) \subseteq X_{\bar{a}}$. 这样, $\{(\bar{a}, b) \in X : X_{\bar{a}} \text{ 有穷}\}$ 为可定义集. 所以假定一切 $\bar{a} \in F^n$, $X_{\bar{a}}$ 均有界, 即

$$F \vDash \forall \bar{x} \forall c \forall d \neg [c < d \wedge \forall y (c < y < d \to y \in X_{\bar{x}})].$$

考察以下对 F 中每个元素都增加一个新常数符 $c_1, \cdots, c_n$ 后, 在扩充后的语言中的公式

$$\Gamma : \mathrm{RCF} + \mathrm{Diag}(F) + \left\{ \exists y_1, \cdots, y_n \left[\bigwedge_{i<j} y_i \neq y_j \wedge \bigwedge_{i=1}^m y_i \in X_{\bar{c}} \right] : m \in \omega \right\},$$

这里 $\mathrm{Diag}(F)$ 是 F 中的所有原子语句或它的否定的集合. 假定 Γ 可满足, 则有实闭域 $K \supseteq F$ 和 $\bar{c} \in K^n$ 使得 $X_{\bar{c}}$ 为无穷. 由模型完全性, $F \prec K$, 因此

$$K \vDash \forall \bar{x} \forall c \forall d \neg [c < d \wedge \forall y (c < y < d \to y \in X_{\bar{x}})].$$

这矛盾于 K 的 o-极小性, 这样 Γ 不可满足. 因此有自然数 N 满足

$$\mathrm{RCF} + \mathrm{Diag}(F) \vDash \forall \bar{x} \neg \left(\exists y_1, \cdots, y_N \left[\bigwedge_{i<j} y_i \neq y_j \wedge \bigwedge_{i=1}^N y_i \in X_{\bar{x}} \right] \right),$$

所以对一切 $\bar{a} \in F^n$, $|X_{\bar{a}}| < N$. ■

下面我们就来证明单元分解定理.

定理 3.4.16(单元分解定理)　　设 F 为实闭域, $X \subseteq F^n$ 为半代数集, 则存在有穷度多个两两不相交的 m-单元: $C_1, \cdots, C_n$ 使得 $X = C_1 \cup \cdots \cup C_n$.

§3.4 半代数集和单元的可分解性

证明 注意: 当 $n=1$ 时, 就是 F 的 o-极小性.

当 $n=2$ 时, 对于 $a\in F$, 设

$$C_a = \{x : \forall \varepsilon > 0 \exists y, z \in (x-\varepsilon, x+\varepsilon)[(a,y)\in X \wedge (a,z)\notin X]\}$$

(亦即那些点 x 的集合, 在它的一切邻域内既有 y 使得 $(a,y)\in X$, 也有 z 使得 $(a,z)\notin X$). 称 C_a 为 a 的临界值. 由于 C_a 为可定义集, 所以由 o-极小性, 仅有有穷多个 a 的临界值. 由一致有界性, 存在自然数 N 满足对一切 $a\in F$, $|C_a|\leqslant N$. 将 F 划分为 $A_0, A_1, \cdots, A_N$, 这里 $A_n = \{a : |C_a| = n\}$.

对一切 $n\leqslant N$, 有可定义函数 $f_n : A_1\cup\cdots\cup A_n \to F$, $f_n(a) = C_a$ 的第 n 个元素. 正如前所述, $X_a = \{y : (a,y)\in X\}$.

对于 $n\leqslant N$ 和 $a\in A_n$, 定义 $P_a \in 2^{2n+1}$ 如下:

假如 $n=0$, $P_a(0) = 1 \Leftrightarrow X_a = F$.

假定 $n>0$. $P_a(0) = 1 \Leftrightarrow$ 对一切 $x < f_1(a), x\in X_a$.

对于 $i < n$, $P_a(2i-1) = 1 \Leftrightarrow f_i(a)\in X_a$, $P_a(2i) = 1 \Leftrightarrow$ 对一切 $x\in (f_i(a), f_{i+1}(a))$, $x\in X_a$.

$P_a(2n) = 1 \Leftrightarrow$ 对一切 $x > f_n(a), x\in X_a$.

对一切可能的可定义函数 $\sigma \in 2^{2n+1}$, 设 $A_{n,\sigma} = \{a\in A_n : P_a = \sigma\}$. 注意到每一个 $A_{n,\sigma}$ 都是半代数的. 对每一个 $A_{n,\sigma}$, 将 $\{(x,y)\in X : x\in A_{n,\sigma}\}$ 分解为不相交的单元. 因为 $A_{n,\sigma}$ 将 F 划分, 这就可以了.

对每一个 $A_{n,\sigma}$, 因推论 3.4.10, 可有划分 $A_{n,\sigma} = C_1\cup\cdots\cup C_l$, 这里 C_j 或者是区间或者是单点集, 而 f_i 是在 C_j 上的连续函数 $(i\leqslant n, j\leqslant l)$.

现在即可给出一方法将 $\{(x,y) : x\in A_{n,\sigma}\}$ 分解为单元, 使得每一个单元或者包含在 X 中或者与 X 不相交:

对于 $j\leqslant l, i=0$, 设 $D_{j,0} = \{(x,y) : x\in C_j, y < f_1(x)\}$;

对于 $j\leqslant l$ 且 $1\leqslant i\leqslant n$, 设 $D_{j,2i-1} = \{(x, f_i(x)) : x\in C_j\}$, $D_{j,2i} = \{(x,y) : x\in C_j, f_i(x) < y < f_{i+1}(x)\}$;

对于 $j \leq l$, 设 $D_{j,2n} = \{(x,y) : x \in C_j, y > f_n(x)\}$.

显然, 每一个 $D_{j,i}$ 都是一个单元, 并且 $\cup D_{j,i} = \{(x,y) : x \in A_{n,\sigma}\}$. 每个 $D_{j,i}$ 都包含在 X 中, 或者与 X 不相交, 这样取那些包含在 X 中的 $D_{j,i}$, 就得出 $\{(x,y) \in X : x \in A_{n,\sigma}\}$ 的一个互不相交的单元的一个划分. ∎

以上的证明假定了 $m = 2$. 一般情形的证明是类似的.

§3.5　实闭域中的根式理想

在本节中, 我们考察实闭域中的根式理想以及有关的问题. 我们固定 R 为一实闭域. 先给出一些定义. 读者会发现它们和 §2.3 中引出的一些概念是很类似的.

定义 3.5.1　1) 假定 $f_1, \cdots, f_r \in R[X_1, \cdots, X_n]$, 定义
$$V(f_1, \cdots, f_r) = \{\bar{x} \in R^n : \bigwedge_{i=1}^{r} f_i(\bar{x}) = 0\},$$
称为 R^n 的一个代数子集.

2) 如果 $Y \subseteq R[\bar{X}]$, 则记 $V(Y) = \{\bar{x} \in R^n : (\forall f \in Y) f(\bar{x}) = 0\}$.

附注 3.5.2　1) 假如 $Y \subseteq R[\bar{X}]$, I 为 Y 生成的理想, 则 $V(Y) = V(I)$.

2) $V(f_1, \cdots, f_r) = V\left(\sum_{i=1}^{r} f_i^2\right)$, 不过 $\langle f_1, \cdots, f_r \rangle \neq \left\langle \sum_{i=1}^{r} f_i^2 \right\rangle$. 例如 $f_1^3 \in \langle f_1, \cdots, f_n \rangle$, 但 $f_1^3 \notin \langle \sum f_i^2 \rangle$. 这里 $\langle f_1, \cdots, f_r \rangle$ 表示由 $f_1, \cdots, f_r$ 生成的理想.

3) 对于 $Y \subseteq R^n$, $I(Y) = \{f \in R[\bar{X}] : (\forall y \in Y) f(\bar{y}) = 0\}$.

4) $I(Y)$ 是 $R[\bar{X}]$ 的一个理想.

5) $\sum_{i=1}^{n} f_i^2 \in I(Y)$ 当且仅当 $f_1, \cdots, f_n \in I(Y)$.

证明　留作练习.

定义 3.5.3　称 $R[\bar{X}]$ 中的一个理想 I 为实理想, 如果对一切 $f_1, \cdots, f_n$, $\sum f_i^2 \in I$ 蕴涵所有的 $f_1, \cdots, f_n \in I$.

这样对于任意的 $Y \subseteq R[\bar{X}]$, $I(Y)$ 为实理想. 回忆在代数闭域中我们定义了根式理想: 设 $\sqrt{I} = \{a : \exists n\, a^n \in I\}$, 如果 $I = \sqrt{I}$, 则 I 为根式理想.

引理 3.5.4　如果 I 为 $R[\bar{X}]$ 中的实理想, 则 I 为根式理想.

证明 假定对某个自然数 k, $m = 2^k$. 这样如果 $a = f(\bar{x}) \in R[\bar{X}]$, 则 $a^m \in I \Rightarrow a^{m/2} \in I \Rightarrow \cdots \Rightarrow a \in I$. 对于任意的 n, 选取 m 使得 $m + n$ 为 2 的一个幂, 则 $a^n \in I \Rightarrow a^{m+n} \in I \Rightarrow a \in I$. ∎

例 3.5.5 1) $\langle x^2 + y^2 \rangle$ 是一个素理想, 从而是一个根式理想, 但它不是实理想, 比如 $x \notin \langle x^2 + y^2 \rangle$. 这就是说, 引理 3.5.4 的逆不成立.

2) $\langle x, y \rangle$ 是实理想, 而且 $V(x^2 + y^2) = V(x, y)$. 但在代数闭域 $\mathbb{C}$, $x^2 + y^2 = (x + iy)(x - iy)$, 所以 $V_{\mathbb{C}}(x^2 + y^2) \neq V_{\mathbb{C}}(x, y)$. 这就是说, 附注 3.5.2 中的 2) 在代数闭域中不成立. 事实上, 在几何的定义下, 在 $\mathbb{R}$ 中 $V(x^2 + y^2)$ 和 $V(x, y)$ 都是一个点, 而在 $\mathbb{C}$ 中, $x^2 + y^2 = 0$ 为两条线.

3) 假如 $I = \langle x^2 + y^2 \rangle$, $I(V(I)) = I(\{(0,0)\}) = <x, y> \neq I$.

引理 3.5.6 设 A 为一环, $I \subseteq A$ 为一素理想, 则 I 为实理想当且仅当 $F_r(A/I)$ 为一实域.

证明 留作习题.

定义 3.5.7 设 I 为 $A = R[\bar{X}]$ 的一个理想, 定义
$$\sqrt[R]{I} = \left\{ a \in I : (\exists m \exists b_1, \cdots, b_n \in A) \left[a^{2m} + \sum_{i=1}^{n} b_i^2 \in I \right] \right\},$$
称为 I 的实根式.

引理 3.5.8 $\sqrt[R]{I} = \cap \{P \supseteq I : P \text{ 为实理想}\}$.

证明 留作练习.

习 题 三

1. 证明引理 3.1.3.
2. 证明在引理 3.1.5 中定义的二元关系 $\ll$ 是一个线性序关系.
3. 证明引理 3.1.6 和推论 3.1.7.
4. 证明在准正锥的类 $\mathcal{E} = \{P \supseteq \sum F^2 : P \text{ 是 } F \text{ 的一个准正锥}\}$ 中 $\subseteq$ 是在它上面的一个序关系.
5. 假如 t 是域 F 上的超越数, 而 F 是一实域, 则 $F(t)$ 亦然.
6. 由 5, 假如 t 为超越数, 则 $\mathbb{Q}(t)$ 为一实域, 所以它是可序化的. 那么, 可引入的序是什么? 有多少这样的序?

7. 如果 t_1 和 t_2 是彼此独立的超越数，$\mathbb{Q}(t_1, t_2)$ 的序是什么？

8. $\mathbb{Q}(\sqrt{2})$ 的序是什么？

9. 设 $\mathcal{M} = (M, \cdots)$ 为一 $\mathcal{L}$-结构. 称 $a \in M$ 是 A 上可定义的，或 a 是 A-可定义的，如果存在 $\mathcal{L}$-公式 $\varphi(x, \bar{y})$ 和 $\bar{b} \in A^n$ 满足 $\mathcal{M} \vDash \varphi(a, \bar{b})$. 而 A 的实闭包定义为 $\mathrm{dcl}(A) = \{a \in M : a$ 是在 $\mathcal{M}$ 中 A-可定义的$\}$. 试证对于实闭域，$\mathrm{dcl}(A) = \mathrm{acl}(A)$.

10. 证明附注 3.5.2.

11. 证明引理 3.5.6.

12. 证明引理 3.5.8.

第四章　p-进位域

§4.1　绝对值和赋值

定义 4.1.1　设 F 为一无穷域. F 上的绝对值 $|\cdot|: F \to \mathbb{R}$ 为满足以下公理的函数:

1) $|x| \geqslant 0$ 且 $|x| = 0 \leftrightarrow x = 0$;
2) $|x \cdot y| = |x| \cdot |y|$;
3) $|x + y| \leqslant |x| + |y|$.

如果绝对值 $|\cdot|$ 还满足另一条件

4) $|x + y| \leqslant \max\{|x|, |y|\}$,

则称该绝对值是非 Archimedes 的 (non-archimedian), 否则称该绝对值为 Archimedes 的.

注意到 4) 蕴涵 3), 而通常数学中的绝对值满足 1)~3), 但不满足 4). 例如, 当 $x = y = 1$ 时, 4) 就不成立. 因此通常数学中的绝对值是 Archimedes 的. 本章所要涉及的绝对值为非 Archimedes 的.

如果 F 为有穷域, 则定义

$$|x| = \begin{cases} 0, & \text{如果 } x = 0, \\ 1, & \text{如果 } x \neq 0. \end{cases}$$

定义 4.1.2　假设 F 为一域, 而 $F^* = F - \{0\}$. 一个 F^* 上的赋值 v 就是一个满足以下条件的函数: $F^* \to G$:

1) $v(x \cdot y) = v(x) + v(y)$;
2) $v(x + y) \geqslant \min\{v(x), v(y)\}$,

这里 $G = \{v(x) : x \in F\}$, $(G, +, \prec)$ 是一个有序 Abel 群, "$\prec$" 定义为

$$x \prec y \leftrightarrow |x| > |y|.$$

引理 4.1.3 假如 $0 < r < 1$, $\mathbb{Q}^* = \mathbb{Q} - \{0\}$, $v : \mathbb{Q}^* \to \mathbb{Z}$ 为一赋值, 且 $v(0) = +\infty$. 定义 $|x| = r^{v(x)}$, 则 $|\cdot|$ 为一非 Archimedes 绝对值.

证明 首先, 因为 $r > 0$, $|x| = r^{v(x)} \geqslant 0$ 且 $x \neq 0$, 则 $|x| \neq 0$; $|0| = r^{v(0)} = r^{+\infty} = 0$. 其次, $|x \cdot y| = r^{v(x \cdot y)} = r^{v(x)+v(y)} = r^{v(x)} \cdot r^{v(y)} = |x| \cdot |y|$. 最后, 因为 $0 < r < 1$, $|x+y| = r^{v(x+y)} \leqslant r^{\min\{v(x),v(y)\}} = \max\{|x|,|y|\}$. ∎

这样, 我们就称 v 是 $\mathbb{Q}^*$ 上的非 Archimedes 赋值.

例 4.1.4 假设 $r = \dfrac{1}{p}$, 这里 p 为一素数, 定义 $v_p : \mathbb{Q}^* \to \mathbb{Z}$ 为 $v_p(q) = m$, 假如 $q = p^m \cdot \dfrac{a}{b}$, p 不整除 ab. 即是说, $v_p(q)$ 是 q 被 p 除所得最大的次数. v_p 称作 p-进位赋值. 这样, 由上述引理可知

$$|x|_p = \left(\frac{1}{p}\right)^{v_p(x)}$$

是一个在 $\mathbb{Q}^*$ 上的非 Archimedes 绝对值.

定义 4.1.5 假如 F 是一个带有非 Archimedes 赋值的域. 设 $d : F^2 \to \mathbb{R}$ 定义为非 Archimedes 赋值: $d(x,y) = |x-y|_p$. 对于 $\varepsilon > 0$, $x \in F$, x 的 ε 邻域定义为 $B_\varepsilon(x) = \{y : |x-y|_p < \varepsilon\}$.

命题 4.1.6 设 $y \in B_\varepsilon(x)$, 则 $y \in B_\varepsilon(0)$.

证明 由于 $y \in B_\varepsilon(x)$, 则 $|y-x| < \varepsilon$. 但

$$|y| = |(y-x)+x| \leqslant \max\{|y-x|,|x|\} \leqslant |y-x| < \varepsilon.$$

因此 $y \in B_\varepsilon(0)$. ∎

这个命题告诉我们每一个点 $x \in B_\varepsilon(0)$ 都可以作为中心 (考虑 $\varepsilon \to 0$).

命题 4.1.7 假如 $B_\varepsilon(x) \cap B_\varepsilon(y) \neq \varnothing$, 则 $B_\varepsilon(x) \subseteq B_\delta(y)$ 或 $B_\delta(y) \subseteq B_\varepsilon(x)$. 换言之, 在任何带有上述非 Archimedes 赋值的这种域中. 两个开集或者不相交, 或者一个包含另一个.

证明 不失一般性, 可设 $\varepsilon \leqslant \delta$. 假如 $B_\varepsilon(x) \cap B_\delta(y) \neq \varnothing$, 则存在 $c \in B_\varepsilon(x)$ 且 $c \in B_\delta(y)$. 于是由习题四中题 5 的计算结果可知 $B_\varepsilon(x) = B_\varepsilon(c) \subseteq B_\delta(c) = B_\delta(y)$. ∎

§4.1 绝对值和赋值

在引出另一个特别的命题之前, 先证明一个引理.

引理 4.1.8 设 F 为一个域, $|\cdot|$ 为在 F 上的非 Archimedes 绝对值. 如果 $x, y \in F$, 且 $|x| \neq |y|$, 则 $|x+y| = \max\{|x|, |y|\}$.

证明 不失一般性, 可设 $|x| > |y|$, 则

$$|x+y| \leqslant \max\{|x|, |y|\} = |x|,$$

但

$$|x| = |(x+y) - y| \leqslant \max\{|x+y|, |y|\} = |x+y|.$$

最后一个等式是因为否则的话, 就有 $|x| \leqslant |y|$, 这矛盾于假设. 结合以上两等式就有 $|x+y| = |y|$, 即 $|x+y| = \max\{|x|, |y|\}$. ∎

命题 4.1.9 在 $\mathbb{Q}^*$ 中, 如果将两点 x, y 间的距离定义为非 Archimedes 赋值 $|x-y|$, 则任意三角形都是等腰三角形.

证明 假定 x, y 和 z 为 $\mathbb{Q}^*$ 中的三个元素 (该三角形的顶点). 三角形的边长分别为

$$d(x, y) = |x - y|,$$
$$d(y, z) = |y - z|,$$
$$d(z, x) = |z - x|.$$

因为

$$(x - y) + (y - z) = (x - z),$$

所以假如 $|x-y| \neq |y-z|$. 故由前命题 $|x-z| = \max\{|x-y|, |y-z|\}$ 就等于二者中的大者. 因此在任何情况下, 这三边中的两边相等. ∎

现在我们考虑下面的序列和它们的 5-进位赋值:

$$a_0 = 4, a_1 = 34, a_2 = 334, \cdots, a_n = \overbrace{33\cdots 3}^{n\text{个}}4,$$

注意 a_n 包含 n 个数字 3.

命题 4.1.10 当 $n \to \infty$ 时, 在 $\mathbb{Q}_5$ 中 $\langle a_n \rangle \to \dfrac{2}{3}$.

证明 首先证明 $\langle a_n \rangle$ 为 Cauchy 序列. 对于 $m > n$,

$$a_m - a_n = 10^{n+1} \cdot 33 \cdots 3 = 5^{n+1} \cdot 2^{n+1} \cdot 33 \cdots 3,$$

因此 $v_5(a_m - a_n) = n+1$. 这样, $|a_m - a_n| = \left(\dfrac{1}{5}\right)^{n+1}$. 对于 $m' > m > n$, $|a_m - a_{m'}|_5 = \left(\dfrac{1}{5}\right)^{m'+1} < \left(\dfrac{1}{5}\right)^n$. 因此 $\langle a_n \rangle$ 为 Cauchy 序列. 注意到

$$3a_0 = 12, 3a_1 = 102, 3a_2 = 1002, 3a_3 = 10002, \cdots,$$

即 $3a_n - 2 = 10^{n+1}$. 这样, $|3a_n - 2|_5 = \left(\dfrac{1}{5}\right)^{n+1} \to 0$, 当 $n \to \infty$ 时. 现在设 $\langle a_n \rangle \to a$, $3a - 2 = 0$, 所以 $a = \dfrac{2}{3}$. ∎

从本节内容可以看出, 在仅仅给绝对值加上一条新公理以后, 即由 "Archimedes 的" 变为 "非 Archimedes 的", 就可以得出与通常数学很不一致的结果. 有兴趣的读者可参阅书后列出的参考文献 [G]. 下面要深化我们的讨论.

§4.2 有理数集的赋值

定义 4.2.1 称在域 F 上的定义的两个绝对值等价, 如果它们定义了同样的拓扑.

例 4.2.2 设 $|\cdot|$ 为域 F 上定义的一个绝对值. 再定义 $|x|^* = |x|^\lambda$ ($\lambda > 0$). 则 $|\cdot|$ 和 $|\cdot|^*$ 是等价的. 事实上, $|x-y| < \varepsilon \leftrightarrow |x-y|^* < \varepsilon^\lambda$.

下面的定理告诉我们在有理数域实际上只可能有两类绝对值. 因为它与要讨论的模型论关系不大, 所以我们略去证明.

定理 4.2.3(Ostrowski) 在 $\mathbb{Q}$ 上的每一个非平凡的绝对值或者等价到一个 p-进位对值, 或者等价到通常的绝对值.

定义 4.2.4 设 F 为有绝对值 $|\cdot|$ 的域. 称 F 关于绝对值 $|\cdot|$ 是完备的, 假如每一个 Cauchy 序列均收敛.

引理 4.2.5 有理数域 $\mathbb{Q}$ 关于任意非平凡的绝对值都不是完备的.

定义 4.2.6 设 F 是定义有绝对值 $|\cdot|$ 的域. 称 $(K, |\cdot|^*)$ 为 $(F, |\cdot|)$ 的完备开拓, 假如下面两条件满足

1) $K \supseteq F$ 是完备的.

2) 存在 $f: F \to K$ 满足对于一切 $x \in F$, $|f(x)|^* = |x|$.

如果下面的条件 3) 亦满足的话, 则称 K 为 F 的完备化.

3) F 在 K 中稠密, 即对于一切 $x \in K$ 和 $\varepsilon > 0$, $B_\varepsilon(x) \cap F \neq \varnothing$.

例 4.2.7 实数 $\mathbb{R}$ 是 $\mathbb{Q}$ 的关于通常绝对值的完备化.

定义 4.2.8 $\mathbb{Q}$ 关于 p-进位绝对值 $|\cdot|$ 的完备化记作 $\mathbb{Q}_p$, 称作 p-进位域. $\mathbb{Q}_p$ 包含了所有的有理数. 事实上 $\mathbb{Q}$ 是它的一个稠密子域. 在许多特征方面, $\mathbb{Q}_p$ 都类似实数集 $\mathbb{R}$. 但是, 如前所述, 在 $\mathbb{R}$ 上的通常的绝对值不是非 Archimedes 的, 而 $\mathbb{Q}_p$ 却是非 Archimedes 的. $\mathbb{R}$ 是连通的数量空间, 而 $\mathbb{Q}_p$ 是完全不连通的. 这就意味着, 比如说, 在 $\mathbb{Q}_p$ 中并没有一个清晰的空间的概念. 这一点是实数和 p-进位数之间最重要的不同.

因为 $\mathbb{Q}_p$ 是 $\mathbb{Q}$ 关于 $|\cdot|_p$ 的完备化, 每一个 p-进位数都是一个有理数序列 $\langle x_n \rangle_{n \geqslant 1}$. 这个序列满足对一切 $n, m \in \mathbb{Z}^+$, $|x_n - x_m|_p \leqslant \left(\dfrac{1}{p}\right)^{\min\{n,m\}}$.

假如对一切 $n \in \mathbb{Z}^+$, $|x_n - y_n| \leqslant p^{-n}$, 则称这两个 p-进位数 $x = \langle x_n \rangle$ 和 $y = \langle y_n \rangle$ 相等, 而假如存在正整数 t 使得 $|x_t - y_t| > \left(\dfrac{1}{p}\right)^t$, 则称 $x \neq y$. 对于 $x \in \mathbb{Q}_p$, $x = \langle x_n \rangle$, 定义 $|x|_p = \lim\limits_{x \to \infty} |x_n|$.

定义 4.2.9 定义 p-进位整数环 $\mathbb{Z}_p = \{x \in \mathbb{Q}_p : |x|_p \leqslant 1\} = \{x \in \mathbb{Q}_p : v_p(x) \geqslant 0\}$. 这样, p-进位整数环

$$\mathbb{Z}_p = \left\{\sum_{i=0}^{\infty} a_n p^n : a_n \in \{0, 1, \cdots, p-1\}\right\},$$

而 p-进位数域就是

$$\mathbb{Q}_p = \left\{\sum_{n=-n_0}^{\infty} a_n p^n : 0 \leqslant a_n \leqslant p-1, a_n \in \mathbb{Z}_p, n_0 \in \mathbb{Z}\right\}.$$

例 4.2.10 因为 $13 = 1 + 1 \cdot 2^2 + 1 \cdot 2^3$, 所以 $13 \in \mathbb{Z}_2$. 另外, 由于

$$-1 = \frac{p-1}{1-p} = (p-1) + (p-1)p = (p-1)p^2 + \cdots = \sum_{n=0}^{\infty}(p-1)p^n,$$

所以对于一切 p, $-1 \in \mathbb{Z}_p$.

$\mathbb{Q}_p$ 中的加法和乘法与通常的多项式的加法和乘法类似, 不过它们关于 p 同余. 下面的定理 4.2.11 是实数域所没有的, 但定理 4.2.12 又与实数域类似.

定理 4.2.11 $\mathbb{Z}_p$ 是 $\mathbb{Z}$ 关于 $|\cdot|_p$ 的完备化.

定理 4.2.12 $\mathbb{Q}_p$ 是 $\mathbb{Z}_p$ 的分数域, 即 $\mathbb{Q}_p = \mathrm{Fr}(\mathbb{Z}_p)$.

证明 $q \in \mathbb{Q}_p \Leftrightarrow q = \dfrac{r}{s}, r, s \in \mathbb{Z}_p.$ ∎

下面我们来讨论赋值群.

设 $v: K^* \to G$ 是一个赋值, G 称作 K^* 的赋值群, 记作 $G = v(K^*)$.

引理 4.2.13 设 $\mathcal{O}_k = \{x \in K : v(x) \geqslant 0\}$, 则 $\mathcal{O}_k$ 为赋值环, 即一切 $x \in K$, 或者 $x \in \mathcal{O}_k$, 或者 $\dfrac{1}{x} \in \mathcal{O}_k$.

证明 $x \notin \mathcal{O}_k \Rightarrow v(x) < 0 \Rightarrow v\left(\dfrac{1}{x}\right) = -v(x) > 0.$ ∎

注意到其唯一的极大理想是

$$\mathcal{M}_k = \{\mathcal{O}_k : |x| < 1\} = \{x \in K : v_p(x) > 0\},$$

$\tilde{K} = \mathcal{O}_k/\mathcal{M}_k$ 称作 $\mathcal{O}_k$ 关于极大理想 $\mathcal{M}_k$ 的商域 (residue field).

现在考察 $\mathbb{Q}_p$ 的情形. 设 $v_p : \mathbb{Q}_p \to \mathbb{Z}$ 为一赋值, 则

$$\mathcal{O}_{\mathbb{Q}_p} = \{x \in \mathbb{Q}_p : v(x) \geqslant 0\} = \mathbb{Z}_p,$$

$$\mathcal{M}_{\mathbb{Q}_p} = \left\{x \in \mathbb{Q}_p : x = \sum_{n=m}^{\infty} a_n p^n, m > 0\right\} = \{x \in \mathbb{Q}_p : p \text{ 在 } \mathbb{Q}_p \text{ 中整除 } x\} = p\mathbb{Z}_p,$$

$$\tilde{\mathbb{Q}}_p = \mathbb{Z}_p/p\mathbb{Z}_p = F_p = \{0, 1, 2, \cdots, p-1\}.$$

这样, 一切 $x \in \mathbb{Z}_p$ 都是关于 $\mathcal{M}_{\mathbb{Q}_p}$ 同余到 $1, 2, \cdots, p-1$, 因为假如 $x = a_0 + a_1 p + a_2 p^2 + \cdots$, 则 $x \equiv a_0 (\bmod \mathcal{M})$.

定理 4.2.14(Hensel 引理) 设 $f(x) \in \mathbb{Z}_p[X]$. 假如存在 p-进位整数 $\alpha_1 \in \mathbb{Z}_p$ 满足

$$f(\alpha_1) \equiv 0 \pmod{p\mathbb{Z}_p},$$

且其导数
$$f'(\alpha_1) \not\equiv 0(\mathrm{mod}\ p\mathbb{Z}_p),$$
则存在一个 p-进位整数 $\alpha \in \mathbb{Z}_p$ 使得 $\alpha \equiv \alpha_1(\mathrm{mod}\ p\mathbb{Z}_p)$ 且 $f(\alpha) = 0$.

证明 见参考文献 [G].

例 4.2.15 在 $\mathbb{Q}_5$ 中考察 $f(x) = x^2 + 1$.

注意到
$$f(2) = 2^2 + 1 = 5 \equiv 0,$$
$$f'(2) = 2 \cdot 2 = 4 \not\equiv 0,$$
$$f(3) = 3^2 + 1 = 10 \equiv 0,$$
$$f'(3) = 2 \cdot 3 = 6 \not\equiv 0.$$

这样在 $\mathbb{Q}_5$ 中,存在 α 和 β 使得 $\alpha^2 = -1$ 且 $\alpha \equiv 2(\mathrm{mod}\ 5)$,和 $\beta^2 = -1$ 且 $\beta \equiv 3\ (\mathrm{mod}\ 5)$.

例 4.2.16 -3 在 $\mathbb{Q}_2$ 中不是一个平方数.

只需注意 Hensel 引理不能应用. 考虑
$$f(x) = x^2 + 3,$$
$$f(1) = 1^2 + 3 = 4 \equiv 0(\mathrm{mod} 2),$$
$$f'(1) = 2 \cdot 1 = 2 \equiv 0.$$

例 4.2.17 2 在 $\mathbb{Q}_5$ 中不是一个平方数.

考虑 $f(x) = x^2 - 2$. 对于 $i = 0, 1, 2, 3, 4$, 我们有 $f(i) \not\equiv 0\ \ (\mathrm{mod}\ 5)$.

§4.3 p-进位闭域

由上面的例子,我们看出 $\mathbb{Q}_p$ 不是代数闭的. 现在考虑 $\mathbb{Q}_p$ 域的开拓,就是包含 $\mathbb{Q}_p$ 的域 K. 例如,2 在 $\mathbb{Q}_5$ 中不是一个平方数. 我们就考察 $\mathbb{Q}_5$ 的开拓 $K = \mathbb{Q}_5(\sqrt{2})$.

定义 4.3.1 称 K 为 $\mathbb{Q}_p$ 的有穷开拓,假如它作为 $\mathbb{Q}_p$-向量空间的维数为有穷,记为 $[K : \mathbb{Q}_p] = \dim_{\mathbb{Q}_p} K$,称这个有穷数为 K 在 $\mathbb{Q}_p$ 上的度数 (degree).

我们将要求在 K 上有一个绝对值 $|\cdot|$, 它将是在 $\mathbb{Q}_p$ 上的绝对值 $|\cdot|_p$ 的开拓, 即是说, 它满足

1) $|x| \geqslant 0$, 且 $|x| = 0$ 当且仅当 $x = 0$;
2) $|x \cdot y| = |x| \cdot |y|$;
3) $|x + y| \leqslant |x| + |y|$;
4) 对于一切 $\lambda \in \mathbb{Q}_p$, $|\lambda| = |\lambda|_p$.

假如 M 是 $\mathbb{Q}_p$ 的所有有同样度数的有穷开拓的并, 则它包含了在 $\mathbb{Q}_p$ 上的所有多项式的根. 因此称 M 是 p-进位制的闭域, 也称 M 是 $\mathbb{Q}_p$ 的代数闭包.

附注 4.3.2 1) $\mathbb{Q}_p$ 的代数闭包不是 $\mathbb{Q}_p$ 的有穷开拓.
2) p-进位制闭域没有真有穷代数开拓.
3) $\mathbb{Q}_p$ 的代数闭包不是完全的, 这与 $\mathbb{R}$ 的代数闭包 $\mathbb{C}$ 很不相同. $\mathbb{Q}_p$ 的代数闭包的完备化记为 $\mathbb{C}_p$.

§4.4　$\mathbb{Q}_p$ 上的连续性和导数

定义 4.4.1 设 F 为一有绝对值的域. 假如 $x \in F$ 且 $\gamma \in v(F)$, 定义

$$C_\gamma = \{y \in F : v(x-y) > \gamma\}$$

为 x 在 γ 水平上的邻域. C_γ 亦称作柱心 (core) 或开圆盘 (open disc). 如果定义 $|x|_p = \left(\dfrac{1}{p}\right)^{v_p(x)}$ (p 为素数), 则

$$C_\gamma(x) = \left\{x \in F : |x-y|_p < \left(\dfrac{1}{p}\right)^\gamma\right\}.$$

附注 4.4.2　C_γ 是开闭集.

C_γ 是开集, 事实上它是该拓扑上的基本开集; C_γ 也是闭的. 因为

$$C_\gamma = \{y \in F : v(x-y) > \gamma\} = \{y \in F : v(x-y) \geqslant \gamma + 1\}.$$

定义 4.4.3　在 $\mathbb{Q}_p$ 中的极限 $\lim\limits_{x \to x_0} f(x) = a$ 定义为

$$\forall \varepsilon \exists \delta [|x - x_0|_p < \delta \to |f(x) - a|_p < \varepsilon].$$

也就是说,
$$(\forall \gamma \in v(F))(\exists \delta \in v(F))[f(C_\delta(x_0) \subseteq C_\gamma(a)],$$
或者
$$(\forall \gamma \in v(F))(\exists \delta \in v(F))[x \in C_\delta(x_0) \to f(x) \in C_\gamma(a)].$$
而如果 $\lim\limits_{x\to x_0} f(x) = f(x_0)$, 则定义 $f(x)$ 在 x_0 连续.

定理 4.4.4(D. Haskell) 设 $f: F \to F$ 是可定义的部分函数, 则存在 F 的一个开子集 U 满足 $\mathrm{Dom}(f) - U$ 是有穷的而且 $f \upharpoonright U$ 是连续的.

定义 4.4.5 设 $U \subset \mathbb{C}_p$ 是一开集, $f: U \to \mathbb{C}_p$ 为一函数. 称 f 在 $x \in U$ 上是可微分的, 假如极限
$$f'(x) = \lim_{h \to 0} \frac{f(x+h) - f(x)}{h}$$
存在. 如果 $f'(x)$ 在 U 中的每一点存在, 则称 f 在 U 中是可微的, 而且将 $x \mapsto f'(x)$ 记作 $f': U \to \mathbb{C}_p$. f' 称作 f 的导函数.

现在我们要谈 $\mathbb{C}_p$ 和 $\mathbb{R}$ 不同的一些事.

定义 4.4.6 $D = \{x \in \mathbb{C}_p : |x| \leqslant 1\}$ 称作 $\mathbb{C}_p$ 的赋值环, 而 $B = \{x \in \mathbb{C}_p : |x| < 1\}$ 是 $\mathbb{C}_p$ 的赋值理想.

引理 4.4.7 p-进位数的 "中值定理" 不成立.

证明 数学分析中的中值定理是说
$$f(b) - f(a) = f'(\xi)(b-a),$$
这里 $\xi = at + b(1-t)$, $a < b$, $|t| \leqslant 1$.

下面为一反例: 取 $f(x) = x^p - x$, 则 $f'(x) = px^{p-1} - 1$. 取 $a = 0$, $b = 1$, 则 $f(a) = f(b) = 0$. 现在我们要检查是否存在这样一个 ξ 满足 $p\xi^{p-1} - 1 = 0$.

注意到 $\xi = at + b(1-t) = 1 - t$, $|t| \leqslant 1$, 所以 $t \in D$. 由于 $|\xi| = |1-t| \leqslant 1$, $\xi \in D$. 这样 $|p\xi^{p-1} - 1| = \max\{|p\xi^{p-1}|, 1\} \neq 0$. ∎

§4.5 $\mathbb{Q}_p$ 的可定义集和量词可消去

Macintyre 在 [Mr1] 中将 $\mathbb{Q}_p$ 的语言 (域的语言) 扩充, 使得 p-进位闭域在此语言中是量词可消去的. 现在就来看他扩充后的语言

$$\mathcal{L} = \{+, \cdot, 0, 1, V, P_n\},$$

这里 V 是一元关系, 表示赋值环, 即 $V = \{x \in \mathbb{Q}_p : v(x) \geqslant 0\}$. 而 P_n 是 n 次幂的集合. 即定义为 $\forall x[P_n(x) \leftrightarrow \exists y(y^n = x)]$. 这个语言后来被称为 Macintyre 语言.

假设 Σ_p 为 p-进位闭域的公理集, 则有

定理 4.5.1(Macintyre) Σ_p 在 Macintyre 语言中是量词可消去的.

该定理的证明使用了 Shoenfield 判别法, 我们在 §1.6 介绍过这个判别法.

下面转到讨论 p-进位域中的可定义性. 回忆前面我们讨论过的可定义集.

设 $\mathcal{M}$ 是一个 $\mathcal{L}$-结构. 称 $X \subseteq M^n$ 是在 $\mathcal{M}$ 上可定义的 (或称 X 是 $\mathcal{M}$-可定义的), 如果有 $\mathcal{L}$-公式 $\varphi(\bar{x}, \bar{w})$ 和 n 元数组 $\bar{c} \in M^n$ 满足

$$X = \{\bar{a} \in M^n : \mathcal{M} \vDash \varphi(\bar{a}, \bar{c})\}.$$

称 X 在 $\mathcal{M}$ 上 $\varnothing$-可定义, 如果定义不需要参数 $\bar{c}$, 亦即 $\bar{w}$ 的长度 $\lg(\bar{w}) = 0$.

定理 4.5.2(Macintyre)   在 p-进位闭域中的一切可定义集均是形如 $X \cap Y$ 的有穷并, 这里 X 是开集, Y 是多项式的零点集.

证明   因为 Σ_p 是量词可消去, 假定 $\mathcal{M} \vDash \Sigma_p$, φ 为有自由变元 $v_1, \cdots, v_n$ 的无量词的 $\mathcal{L}$-公式. 可定义集 $\varphi^{\mathcal{M}} = \{\bar{m} \in M^n : \mathcal{M} \vDash \varphi(\bar{m})\}$ 为以下各类基本公式定义的集合的 Boole 组合:

形式 I $\{\bar{m} : g(\bar{m}) \neq 0\}$, 这里 $g \in M[X]$.
形式 II $\{\bar{m} : \mathcal{M} \vDash V(h(\bar{m})) \wedge g_2(\bar{m}) \neq 0\}$, 这里 $h = g_1/g_2$, $g_1, g_2 \in M[X]$.
形式 III $\{\bar{m} : \mathcal{M} \vDash P_k(h(\bar{m})) \wedge g(\bar{m}) \neq 0\}$, 这里 h 同上.

注意到形式 I 给出 M^n 的一个开集, 形式 II 也给出 M^n 的一个开集, 因为赋值环在 M 中是开的. 形式 III 给出了 M^n 的开子集和闭子集的并, 其开子集为

$$\{\bar{m} : \mathcal{M} \vDash P_k(h(\bar{m})) \wedge g_1(\bar{m}) \neq 0 \wedge g_2(\bar{m}) \neq 0\}.$$

根据 Hensel 引理, 这是开的. 其闭子集为

$$\{\bar{m} : \mathcal{M} \vDash g_1(\bar{m}) = 0\}.$$

形式 I 的集合的补集为多项式的零点集, 而形式 II 的集合的补集是开集和多项式的的零点的并, 这是因为 V 为闭集. 形式 III 的集合的补集为开集 $\{\bar{m} : \mathcal{M} \vDash g_1(\bar{m}) \neq 0\}$, 闭集 $\{\bar{m} : \mathcal{M} \vDash g_1(\bar{m}) = 0 \vee g_2(\bar{m}) = 0\}$ 以及开集 $\{\bar{m} : \mathcal{M} \vDash g_1(\bar{m}) \neq 0 \wedge g_2(\bar{m}) \neq 0 \wedge P_k(h(\bar{m}))\}$ 的并. 这样就容易推出 $\varphi(M)$ 为形为 $X \cap Y$ 的集合的有穷并, 这里 X 为开集, Y 为多项式的零点集. ∎

§4.6 p-进位域乘法的可定义性

Ven den Dires 提问: 假如 X 是半代数的但不是半线性的, 能否在 $(\mathbb{R}, +, <, X)$ 中定义乘法? Pilly, Scowcroft 和 Steinhorn 在 [PSS] 中否证了这个问题. Marker, Peterzil 和 Pillay 对 ven den Dires 问题的一个较弱形式作出了正面的回答, 并给出了关于 p-进位域的类似结果[MPP]. 他们在 [MPP] 中又提出: 假如 ρ 是非线性的有理函数, 那么乘法是否可在 $(\mathbb{Q}_p, +, \prec, \rho)$ 中定义.

在本节中我们部分地回答了这个问题.

命题 4.6.1 $|\cdot|_p$ 的基本性质:

$$\left|\sum_{i=1}^n x_i\right|_p \leqslant \max\{|x_i| : 1 \leqslant i \leqslant n\},$$

其等号仅在 $i \neq j \Rightarrow |x_i| \neq |x_j|$ 时成立 (由定义 4.1.1 中提及的公理 4) 及引理 4.1.8).

推论 4.6.2 $\sum_{i=0}^\infty a_n$ 收敛当且仅当 $\lim_{n \to \infty} a_n = 0$.

命题 4.6.3   1) $\lim_{|x| \to +\infty} |f(x)| = 0 \Leftrightarrow \lim_{|x| \to +\infty} f(x) = 0$.

2) $\lim_{|x| \to +\infty} |f(x)| = c \neq 0 \Leftrightarrow \lim_{|x| \to +\infty} f(x) = c' \neq 0$.

证明   由极限的定义 4.4.3 立即可得.

引理 4.6.4   假设 $\Phi = (F, +, \cdot)$ 为域, 其特征不为 2, 则乘法 $\cdot$ 可在加法的归约

$(F, +, \lambda_q, \rho)$ 中定义, 如果 $\rho = x^2$ 或 $\rho = \dfrac{1}{x}$, 这里 λ_q 表示线性映射: $x \mapsto qx, q \in \mathbb{Q}_p$.

证明 假如 $\rho = x^2$, 则 $x \cdot y = \dfrac{1}{2}(\rho(x+y) - \rho(x) - \rho(y))$; 假如 $\rho = \dfrac{1}{x}$, 定义 $\theta(x) = \rho(\rho(x) - \rho(x+1)) - x$, 则 $\theta(x) = \rho\left(\dfrac{1}{x} - \dfrac{1}{x+1}\right) - x = x(x+1) - x = x^2$. 这样 x^2 可被 $\rho = \dfrac{1}{x}$ 和 $+$ 定义.

定义 4.6.5 假如 $\rho(x) = \dfrac{f(x)}{g(x)}$ 为有理函数, 设 ρ 的次数 $= f$ 的次数减 g 的次数, 即 $\deg(\rho) = \deg(f) - \deg(g)$.

引理 4.6.6 假如 ρ 为 $\deg > 2$ 的有理函数, 则乘法可在 $(\mathbb{Q}_p, +, \lambda_q, \rho)$ 中定义.

证明 假如 $\deg(\rho) = n > 2$, 选取 $c \in \mathbb{Q}$ 可使 $\theta(x) = \rho(x+c) - \rho(x)$ 为次数等于 $n - 1$ 的有理函数. 这样经过有限步以后 ρ 可归约为一个 $\deg(\rho) = 2$ 的有理函数. 因此不失一般性, 可以假设有理函数 ρ 的次数 $\deg(\rho) = 2$. 我们先证明以下二断言. 下面 $|\cdot|$ 表示 $|\cdot|_p$.

断言 1 假如 ρ 为 $\mathbb{Q}_p$ 上的有理函数, $\deg(\rho) = 2$, 则

1) $\lim\limits_{|x| \to \infty} |\rho''(x)| = c \neq 0$, 这里 $\rho'' = (\rho')'$ 是 ρ 的二次导函数 (由定义 4.4.5 给出).

2) 假如 $n \geqslant 3$, $\lim\limits_{|x| \to \infty} \rho^{(n)}(x) = 0$.

断言 1 的证明 只证明 1), 2) 的证明类似.

容易看出, $\deg(\rho''(x))$ 为 0, 因此可有

$$\rho''(x) = \dfrac{a_0 x^m + a_1 x^{m-1} + \cdots + a_m}{b_0 x^m + b_1 x^{m-1} + \cdots + b_m} = \dfrac{a_0 x^m}{b_0 x^m + b_1 x^{m-1} + \cdots + b_m}$$
$$+ \dfrac{a_1 x^{m-1}}{b_0 x^m + b_1 x^{m-1} + \cdots + b_0} + \cdots + \dfrac{a_m}{b_0 x^m + b_1 x^{m-1} + \cdots + b_m}$$
$$= \dfrac{a_0}{b_0 + \dfrac{b_1}{x} + \cdots + \dfrac{b_m}{x^m}} + \dfrac{a_1}{b_0 x + b_1 + \cdots + \dfrac{b_m}{x^{m-1}}}$$
$$+ \cdots + \dfrac{a_m}{b_0 x^m + b_1 x^{m-1} + \cdots + b_m},$$

这里 $a_0 \neq 0, b_0 \neq 0$.

§4.6 p-进位域乘法的可定义性

注意当 $|x|$ 足够大时, 最后表达式分母的绝对值

$$\left|b_0 + \frac{b_1}{x} + \cdots + \frac{b_m}{x^m}\right| = \max\left\{|b_0|, \left|\frac{b_1}{x}\right|, \cdots, \left|\frac{b_m}{x^m}\right|\right\} = |b_0|,$$

$$\left|b_0 x + b_0 + \cdots + \frac{b_m}{x^{m-1}}\right| = \max\left\{|b_0 x|, |b_1|, \cdots, \left|\frac{b_m}{x^{m-1}}\right|\right\} = |b_0 x|,$$

$$\cdots\cdots$$

$$|b_0 x^m + b_1 x^{m-1} + \cdots + b_m| = \max\{|b_0 x^m|, |b_1 x^{m-1}|, \cdots, |b_m|\} = |b_0 x^m|.$$

这样,

$$\lim_{|x|\to\infty} |\rho''(x)| = \lim_{|x|\to\infty}\left\{\left|\frac{a_0}{b_0}\right|, \left|\frac{a_1}{b_0 x}\right|, \cdots, \left|\frac{a_m}{b_0 x^m}\right|\right\} = \left|\frac{a_0}{b_0}\right| = c \neq 0.$$

断言 1 证毕.

现在假定 $x, y \in \mathbb{Q}_p$, 取 ρ 的 Taylor 展开式:

$$\rho(x+y) = \rho(x) + \rho'(x)y + \frac{\rho''(x)}{2!}y^2 + \frac{\rho'''(x)}{3!}y^3 + \cdots,$$

$$\rho(x-y) = \rho(x) - \rho'(x)y + \frac{\rho''(x)}{2!}y^2 - \frac{\rho'''(x)}{3!}y^3 + \cdots,$$

定义

$$\begin{aligned}f(x,y) &= \rho(x+y) + \rho(x-y) - 2\rho(x) \\ &= \rho''(x)y^2 + 2\cdot\frac{\rho^{(4)}(x)}{4!}y^4 + \frac{\rho^{(6)}(x)}{6!} + \cdots.\end{aligned}$$

下面我们考察

$$\sum_{n=2}^{\infty} \frac{\rho^{(2n)}(x)}{(2n)!} y^{2n}.$$

断言 2 假如 ρ 为 $\mathbb{Q}_p$ 上的有理函数, $\deg(\rho) = 2$, 则对于足够大的 $|x|$, 固定的 y,

$$\lim_{n\to\infty} \frac{\rho^{(2n)}(x)}{(2n)!} y^{2n} = 0.$$

断言 2 的证明 注意到 $\deg(\rho^{(2n)}(x)) = -2n + 2$, 因此有足够大的整数 $m \geqslant 0$ 满足

$$\begin{aligned}\frac{|\rho^{(2n)}(x) \cdot y^{2n}|}{|(2n)!|} &= \left|\frac{a_0 x^m + a_1 x^{m-1} + \cdots + a_m}{b_0 x^{m+2n-2} + b_1 x^{m+2n-3} + \cdots + b_{m+2n-2}}\right| \cdot |y^{2n}| \cdot \frac{1}{|(2n)!|} \\ &= \frac{\left|a_0 + \dfrac{a_1}{x} + \cdots + \dfrac{a_m}{x^m}\right| \cdot |x^2|}{\left|b_0 \cdot \dfrac{x^{2n}}{y^{2n}} + b_1 \cdot \dfrac{x^{2n-1}}{y^{2n}} + \cdots + b_{m+2n-2}\cdot\dfrac{x^{-m+2}}{y^{2n}}\right|} \cdot \frac{1}{|(2n)!|}.\end{aligned}$$

对于固定的 x，分子为常数. 现在再考察分母, 注意到假如 $t = ma\{v_p(x) : 1 \leqslant x \leqslant 2n\}$，则 $|(2n)!| = \left(\dfrac{1}{p}\right)^s$, 这里

$$s \leqslant \frac{2n}{p} + 2 \cdot \frac{2}{p^2} + \cdots + (t+1) \cdot \frac{2n}{p^{t+1}} < 2n \cdot \frac{p}{(p-1)^2} \leqslant 2np.$$

取 $|x| > p^p \cdot |y|$，则 $\dfrac{|x|}{|y|} \cdot \left(\dfrac{1}{p}\right)^p > 1$，这样分母中首项的绝对值

$$|b_0| \cdot \left|\frac{x}{y}\right|^{2n} \cdot |(2n)!| > |b_0| \cdot \left(\left|\frac{x}{y}\right| \cdot \left(\frac{1}{p}\right)^p\right)^{2n} \to +\infty, \quad \text{当 } n \to +\infty \text{ 时.}$$

因此当 $n \to +\infty$ 时, 分母趋于 $+\infty$. 这样级数收敛. 其次, 二个相继项的比

$$r(x,y,n) = \left|\frac{\dfrac{\rho^{(2n)}(x)}{(2n)!} \cdot y^{2n}}{\dfrac{\rho^{(2n-2)}(x)}{(2n-2)!} \cdot y^{2n-2}}\right| = \left|l(x) \cdot \frac{y^2}{2n}\right|.$$

这样 $n \geqslant 3$, $l(x)$ 为一有理数, $\deg(l) = -2$. 容易看出对于固定的 y 和足够大的 $|x|$, $r(x,y,n) < 1$. 因此

$$\left\{\left|\frac{\rho^{(2n)}(x)}{(2n)!} \cdot y^{2n}\right| : n \in \omega\right\}$$

为严格降序列. 这样

$$\left|\sum_{n=2}^{\infty} \frac{\rho^{(2n)}(x)}{(2n)!} \cdot y^{2n}\right| \leqslant \max\left\{\left|\frac{\rho^{(2n)}(x)}{(2n)!} \cdot y^{2n}\right| : n \geqslant 2\right\} = \left|\frac{\rho^{(4)}(x)}{4!} \cdot y^4\right|.$$

但

$$\lim_{|x| \to \infty} \left|\frac{\rho^{(4)}(x)}{4!} \cdot y^4\right| = 0,$$

因为 y 是固定的, 而 $\rho^{(4)}(x) \to 0$ 当 $|x| \to +\infty$. 因此

$$\lim_{|x| \to \infty} \left|\sum_{n=2}^{\infty} \frac{\rho^{(2n)}(x)}{(2n)!} \cdot y^{2n}\right| = 0.$$

这样 $\lim\limits_{|x| \to \infty} f(x,y) = cy^2$, $c \neq 0$. 因为极限可定义在此结构中, 所以可以定义函数 $h(y) = \lim\limits_{|x| \to \infty} f(x,y) = cy^2$, 从而可归结到以前情形, 引理得证. ∎

引理 4.6.7 假如 $\rho(x) = \dfrac{1}{x^n} (n \geqslant 2)$，则乘法可在 $(\mathbb{Q}_p, +, \lambda_q, \rho)$ 中定义.

§4.6 p-进位域乘法的可定义性

证明 因为 $n \geqslant 2$, $\rho(\rho(x)) = x^{n^2}$, 次数 $n^2 \geqslant 4$.

引理 4.6.8 假如 $\rho x) = \dfrac{f(x)}{g(x)}$ 为次数 $\leqslant -2$ 的有理函数而 $g(x)$ 在 $\mathbb{Q}_p$ 中至少有一个根, 则乘法可在 $(\mathbb{Q}_p, +, \lambda_q, \rho)$ 中定义.

证明 分两种情形证明.

情形 1. $g(x)$ 有一根为 0. 则此时 $g(x)$ 没有常数项. 由于 $\deg(\rho) \leqslant -2$, 则 $\rho(\rho(x))$ 为一次数 $\geqslant 2$ 的有理函数, 从而可归约至引理 4.6.6.

情形 2. $g(x)$ 有一根但不为 0. 假定
$$g(x) = b_n x^n + b_{n-1} x^{n-1} + \cdots + b_1 x + b_0, \quad b_0 \neq 0,$$
在 $\mathbb{Q}_p[X]$ 有一根 $c \neq 0$, 则我们考察
$$g(x+c) = b_n(x+c)^n + b_{n-1}(x+c)^{n-1} + \cdots + b_1(x+c) + b_0.$$
注意到其常数项
$$b_n c^n + b_{n-1} c^{n-1} + \cdots + b_1 c + b_0$$
为 $g(c)$, 但 $g(c) = 0$, 这样 $g(x+c)$ 不含常数项. 这样 0 为 $g(x+c)$ 的一个根. 但 $\rho(x+c) = \dfrac{f(x+c)}{g(x+c)}$ 仍有次数 $\leqslant -2$, 所以 $\rho(\rho(x+c))$ 有次数 $\geqslant 2$, 则可将此情形归约至引理 4.6.6.

猜想 4.6.9 假如有理函数 $\rho(x) = \dfrac{f(x)}{g(x)}$ 的次数 $\leqslant -2$, 且 $g(x)$ 在 $\mathbb{Q}_p$ 中无根, 则乘法不可在 $(\mathbb{Q}_p, +, \lambda_q, \rho)$ 中定义.

命题 4.6.10 假如 ρ 为次数为 -1 的有理函数, 则乘法可否在 $(\mathbb{Q}_p, +, \lambda_q, \rho)$ 中定义. 归结为上面的猜想.

证明 $\rho(x+1) - \rho(x)$ 有次数 $\leqslant -2$, 故可归约至引理 4.6.8 和猜想 4.6.9 的情形.

引理 4.6.11 假如 ρ 为次数为 1, 但不是线性的有理函数; 或者次数为零, 但不是常数的有理函数, 则乘法在 $(\mathbb{Q}_p, +, \lambda_q, \rho)$ 中定义的问题可归约到前面的情形.

证明 次数为 1 的有理函数 $\rho(x)$ 可表示为

$$\rho(x) = ax + b + \frac{f(x)}{g(x)}, \quad f(x) \neq 0, \quad a \neq 0, \quad \deg(f) < \deg(g).$$

由于 $a + bx$ 可定义, 故此情形可归约如前.

次数为 0 的有理函数 $\rho(x)$ 可表示为

$$\rho(x) = a + \frac{f(x)}{g(x)}, \quad f(x) \neq 0, \quad \deg(f) < \deg(g), \quad a \neq 0,$$

亦可以归约如前.

习 题 四

1. 假设 $|\cdot|$ 是 7-进位制非 Archimedes 绝对值. 试计算 $|35|$, $|56/12|$, $|177553|$, 及 $|3/686|$(答案: 分别为 $1/7, 1/7, 1, 343$. 注意 $3/680$ 的绝对值最大, 35 的绝对值最小).

2. 证明 $|p^n|_p \to 0$ 当 $n \to \infty$ 时.

3. 证明对于任意 $c \in \mathbb{R}, c > 1$, $|x|_p = c^{-v_p(x)}$ 定义了一个在 $\mathbb{Q}$ 上的非 Archimedes 绝对值.

4. 计算 $v_5(400), v_7(902), v_2(621), v_3(123/48), v_5(180/3)$.

5. 证明假如 $b \in B_\varepsilon(a)$, 则 $B_\varepsilon(a) = B_\varepsilon(b)$.

6. 计算极限 $\lim\limits_{n \to \infty} |n!|_p$. 注意它不为 0.

第五章 微分闭域

§5.1 微分代数

在可交换环 R 中定义微分算子 $D: R \to R$, 它是一个加法同态, 满足公理

$$D(xy) = xD(y) + yD(x).$$

可交换环 R 加上微分算子 D 和上述公理以后, 就称作微分环. 如果 R 为域, 则加上 D 和此公理以后, 就是微分域.

引理 5.1.1 对一切 $x \in R$, $D(x^n) = nx^{n-1}D(x)$.

证明 $D(x^1) = D(x)$,

$$\begin{aligned}D(x^{n+1}) &= D(x \cdot x^n) = xD(x^n) + x^n D(x) \\ &= x \cdot nx^{n-1}D(x) + x^n D(x) \\ &= (n+1)x^n D(x).\end{aligned}$$

引理 5.1.2 假如 b 是环的一个单位, 则 $D\left(\dfrac{a}{b}\right) = \dfrac{bD(a) - aD(b)}{b^2}$.

证明 注意到

$$D(a) = D\left(b \cdot \frac{a}{b}\right) = b \cdot D\left(\frac{a}{b}\right) + \frac{a}{b} \cdot D(b).$$

这样,

$$D\left(\frac{a}{b}\right) = \frac{1}{b} \cdot D(a) - \frac{a}{b^2} \cdot D(b) = \frac{bD(a) - aD(b)}{b^2}. \qquad \blacksquare$$

例 5.1.3 1) $D(a) = 0$, 对一切 $a \in R$ 成立.

2) 假定 $C^\infty = \{f : (0,1) \to \mathbb{R} | f \text{ 可微分无穷多次}\}$, 并定义 D 为通常的微分运算, 则 C^∞ 是一个微分域.

3) 设 $a \in R$, $D: R[X] \to R[X]$ 定义为 $D\left(\sum_{i=1}^{n} a_i x^i\right) = a\left(\sum_{i=1}^{n} i a_i x^{i-1}\right)$. 假如 $a = 1$, 则 D 为通常的微分运算 $\dfrac{d}{dx}$.

4) 设 $D_0: R \to R$ 为一微分算子，定义 $R\{X\} = R[X_0, X_1, \cdots]$，并且我们由以下定义将 D_0 开拓至 D: $D(X_n) = X_{n+1}$，而 $X = X_0$, $X_n = X^{(n)}$，为 X 的 n 阶导数。这样 $R\{X\}$ 为一微分多项式环 (ring of differential polynomials).

定义 5.1.4 假定 D 为 R 上的微分算子，则 $C_R = \{x \in R : D(x) = 0\}$ 是 D 的核 (kernel)，又称作 R 的常数集.

注意：1) C_R 为 R 的子环。假如 $b \in C_R$ 是 R 中的一个单位，$a \in C_R$，则 $\dfrac{a}{b} \in C_R$. 如果 R 为一域，则 C_R 为 R 的一子域.

2) 假如 $a \in C_R$，则 $D(ax) = aD(x)$，所以 D 是 C_R-线性的.

定义 5.1.5 称理想 $I \subset R\{X\}$ 为微分理想 (differential ideal)，如果对一切 $f \in I, D(f) \in I$.

一般地，假如 $K \subset L$，均为微分环，且 $\alpha \in L$，则理想 $\{f(x) \in K\{X\} : f(\alpha) = 0\}$ 是一个素微分理想.

对于 $f(X) \in R\{X\}$，记 $\langle f(X) \rangle$ 为由 $f(X)$ 生成的微分理想。注意即使 $f(X)$ 不可约，$\langle f(X) \rangle$ 也可能不是素的。例如，设 $f(X) = (X'')^2 - 2X'$，则 $D(f) = 2X''(X''' - 1) \in \langle f(X) \rangle$. 但 $2X''$ 和 $X''' - 1$ 都不在 $\langle f(X) \rangle$ 内.

定义 5.1.6 假如 $f(X) \in R\{X\} \backslash R$，$f$ 的阶数 (order) 是在 f 中出现的 $X^{(n)}$ 的最大的 n (假如 $f \in R$，则称 f 有阶数 -1)。假如 f 有阶数 n，则 $f(X)$ 可表成

$$f(X) = \sum_{i=0}^{m} g_i(X, X', \cdots, X^{(n-1)})(X^{(n)})^i,$$

这里 $g_i \in R[X, X', \cdots, X^{(n-1)}]$. 假如 $g_m \neq 0$，则称 f 有度数 m.

称 $f(X)$ 是比 $g(X)$ 单纯的，记作 $f \ll g$，假如 f 的阶数比 g 的阶数小，或者它们的阶数相同，但 f 的度数较小.

定义 5.1.7 设 $f(X) \in R\{X\}$ 的阶数 $n \geqslant 0$. f 的分离子 (separant) 定义为

$$s(X) = \frac{\partial f}{\partial X^{(n)}}.$$

例如，假如 $f(X) = (X'')^2 - 2X'$，则 $s(X) = 2X''$. 这样，假如

§5.1 微分代数

$f(X) = \sum_{i=0}^{m} g_i(X, \cdots, X^{(n-1)})(X^{(n)})^i$,则

$$s(X) = \sum_{i=0}^{m-1}(i+1)g_{i+1}(X, \cdots, X^{(n-1)})(X^{(n)})^i.$$

所以 $s(X) \ll f(X)$.

定义 5.1.8 假定 $f(X) \in R\{X\}$. 定义 $I(f) = \{g \in R\{X\} : $ 对某个 k, $s^k g \in \langle f \rangle\}$.

引理 5.1.9 $I(f)$ 是一个微分理想.

证明 显然 $R\{X\}I(f) \subseteq I(f)$. 其次, 假如 $s^n g_0, s^m g_1 \in \langle f \rangle$, 且 $n \leqslant m$, 则 $s^m(g_0 + g_1) \in \langle f \rangle$. 这样, $I(f)$ 为一理想.

再者, 假如 $s^n g \in \langle f \rangle$, 则 $D(s^{n+1} g) \in \langle f \rangle$. 但 $D(s^{n+1} g) = (n+1)s^n g D(s) + s^{n+1} g'$. 因此 $s^{n+1} g' \in \langle f \rangle$. 这样, 假如 $g \in I(f)$, 则 $g' \in I(f)$. ∎

为了进一步分析微分理想, 我们需要引出下面关于除法的引理, 它在本节中起着关键的作用. 现在假定 R 是特征为 0 的微分域 K.

引理 5.1.10 假如 f 为不可约且阶数为 n, $g \in \langle f \rangle \setminus \{0\}$, 则 g 的阶数至少为 n; 假如 g 有阶数 n, 则 f 整除 g.

证明 假定 s 是 f 的分离子. 首先给出下面的断言.

断言 可以将 $f^{(l)}$ 写成 $f^{(l)} = sX^{(n+l)} + f_l(X, \cdots, X^{(n+l-1)})$, 这里 $l \geqslant 1$.

断言的证明 用归纳法. 设 $f = \sum_{i=0}^{m} h_i(X^{(n)})^i$, 这里 h_i 的阶数至多为 $n-1$, 那么,

$$\begin{aligned} f' &= \sum_{i=0}^{m}(h_i'(X^{(n)})^i + ih_i(X^{(n)})^{i-1}X^{(n+1)}) \\ &= sX^{(n+1)} + f_1, \end{aligned}$$

这里 $f_1 = \sum h_i'(X^{(n)})^i$. 这样本断言在 $l=1$ 时为真.

给定 $f^{(l)} = sX^{(n+l)} + f_l$, 这里 f_l 有至多为 $n+l-1$ 的阶数, $l \geqslant 1$, 于是, $f^{(l+1)} = s'X^{(n+l)} + sX^{(n+l+1)} + f_l'$. 设 $f_{l+1} = f_l' + s'X^{(n+l)}$, 则 f_{l+1} 的阶数至多为

$n+l$，而且 $f^{(l+1)} = sX^{n+l+1} + f_{l+1}$. 断言证毕.

现在设 $g = a_0 f + \cdots + a_k f^{(k)}$. 假如 $k = 0$，则引理显然成立. 所以，我们可假定 $k \geqslant 1$，又假定 g 的阶数至多为 n.

用 $-\dfrac{f_k}{s}$ 代替 $X^{(n+k)}$. 因为 $X^{(n+k)}$ 不在 g 中出现，且 $f^{(k)} = sX^{(n+k)} + f_k$，就得到一个新的等式

$$s^m g = b_0 f + \cdots + b_{k-1} f^{(k-1)}.$$

然后我们用 $-\dfrac{f_{k-1}}{s}$ 代替 $X^{(n+k-1)}$. 如此继续下去，就可找到 m 和 $c \in K\{X\}$ 满足 $s^m g = cf$. s 的度数小于 f 的度数. 这样，f 不能整除 s. 由于 f 是不可约的，就有 f 整除 g. 所以 g 的阶数至少为 n. 结合上面的讨论，于是 g 的阶数恰好为 n. ∎

从 $s^m g$ 开始，重复运用上述证明过程，则可以证明下面的引理.

引理 5.1.11 设 f 是阶数为 n 的不可约多项式，$g \in I(f) \setminus \{0\}$，则 g 的阶数大于或等于 n. 如果 g 的阶数为 n，则 f 整除 g.

引理 5.1.12 设 f 是阶数为 n 的不可约多项式，对于任意微分多项式 g，可以找到阶数至多为 n 的 g_1，满足 $s^m g = g_1 (\mathrm{mod}\langle f\rangle)$ 对某个 m 成立.

证明 施归纳于 $\ll$. 假定 g 的阶数为 $n+k$，这里 $k \geqslant 1$. 假定本引理对于一切 $h \ll g$ 成立. 如前所述，我们能够找到阶数至多为 $n+k-1$ 的 f_k 满足 $f^{(k)} = sX^{(n+k)} + f_k$. 假定 g 有阶数 m，且 $g = \sum\limits_{i=0}^{m} h_i (X^{(n+k)})^i$. 设 $g_1 = s^m g - (f^{(k)})^m h_m$，则 $g_1 = s^m g (\mathrm{mod}\langle f\rangle)$. 而且 $g_1 \ll g$ (假如 $m = 1$，g_1 有较低的阶数，否则它有较低的度数). 这样就结束了证明的归纳步. ∎

引理 5.1.13 设 f 是阶数为 n 的不可约多项式，则 $I(f)$ 是素微分理想.

证明 假定 $u_0, u_1 \in I(f)$，存在阶数 $\leqslant n$ 的 v_0, v_1 以及 m_0 和 m_1，满足 $s^{m_i} u_i = v_i (\mathrm{mod}\langle f\rangle)$. 这样 $s^{m_0+m_1} u_0 u_1 = v_0 v_1 (\mathrm{mod}\langle f\rangle)$. 由于 $u_0 u_1 \in I(f)$，$v_0 v_1 \in I(f)$. 因为 $v_0 v_1$ 有至多为 n 的阶数，由引理 5.1.11，$f | v_0 v_1$. 由于 f 不可约，所以 $f | v_0$ 或 $f | v_1$. 假如 $f | v_i$ ($i = 0$ 或 1)，则 $s^{m_i} u_i \in \langle f\rangle$ 且 $u_i \in I(f)$. ∎

§5.1 微分代数

定义 5.1.14 假如 I 是非零的素微分理想, 如果 $f \in I$ 不可约且不存在 $g \in I$ 使得 $g \neq 0$ 和 $g \ll f$, 则称 f 是 I 的最小多项式 (minimal polynomial).

引理 5.1.15 每一个非零的素微分理想都有形式 $I(f)$, 这里 f 不可约.

证明 设 I 为一个素微分理想, f 是 I 的最小多项式. 我们断言 $I = I(f)$.

假设 $g \in I(f)$ 而且 $s^m g \in \langle f \rangle \subseteq I$. 由于 I 是素的, 且 $s \notin I$, $g \in I$, 这样就有 $I(f) \subseteq I$.

再假设 $g \in I$. 假定 g_1 的阶数最多和 f 一样, m 满足 $s^m g = g_1 (\bmod \langle f \rangle)$. 设 f 的度数为 d. 运用多项式除法可将 g_1 写成 $g_1 = af + r_1$, 这里 $r_1 \in K(X, \cdots, X^{(n-1)})[X^{(n)}]$, r_1 的度数 $< d$. 消去分母, 就有 $a_1, a_2, r_2 \in K[X, \cdots, X^{(n)}]$ 满足 r_2 有度数 $< d$, a_1 的阶数 $< n$, 且 $a_1 g_1 = a_2 f + r_2$. 因为 $g \in I$ 且 $\langle f \rangle \subseteq I$, $g_1 \in I$. 这样 $r_2 \in I$. 但 $r_2 \ll f$, 所以 $r_2 = 0$. 这样 $f | a_1 g_1$. 由于 a_1 的阶数 $< n$, $f | g_1$, 因此 $s^m g \in \langle f \rangle$ 且 $g \in I(f)$.

定义 5.1.16 设 L/K 为一微分域, $\alpha \in L$, $I(\alpha/K)$ 表示 $K\{X\}$ 中满足 $f(\alpha) = 0$ 的微分多项式 f 所构成的理想. 显然, $I(\alpha/K)$ 是素微分理想. 假如 $I(\alpha/K)$ 不是 $\{0\}$, 则称 α 是在 K 上微分代数的, 否则就称 α 是微分超越的. 我们用 $K\langle \alpha \rangle$ 表示 α 在 K 上生成的微分域.

I 的微分秩, 记作 $\mathrm{RD}(I)$, 是 I 的最小多项式的次数 (order). 假如 $I = \{0\}$, 则定义 $\mathrm{RD}(I) = \omega$.

下面我们叙述三个引理而略去证明. 有兴趣的读者可参阅文献 [Mk3].

引理 5.1.17 假如 L/K 是微分域, $a \in L$. 则 $\mathrm{RD}(I(\alpha/K))$ 等于 $K<\alpha>/K$ 的超越度 (transcendence degree).

引理 5.1.18 假设 L/K 是微分域, $f \in K\{X\}$ 是不可约的, $f_1 \in L\{X\}$ 是 f 在 $L\{X\}$ 中的不可约因子, 则 $I_K(f) = I_L(f_1) \cap K\{X\}$.

引理 5.1.19 (Ritti 基定理) 设 $R \supseteq \mathbb{Q}$ 是一个微分环, 它满足每一个根式微分理想 (radical differential ideal) 都是有穷生成的, 那么 $R\{X\}$ 中的每一个根式微分理想都是有穷生成的.

下面的定理相应于 Noetherian 环给出了主分解定理在微分域中的形式, 我们也略去它的证明.

定理 5.1.20(分解定理)　设 R 是根式微分理想有升链条件的微分环, 那么任何根式微分理想都是有穷多个素微分理想的交.

§5.2　微 分 闭 域

在本节中, 我们要定义和讨论微分闭域的理论 DCF, 其语言为 $\mathcal{L}=\{+,\cdot,0,1,D\}$. DCF 由下列公理组成:

1) 特征为 0 的代数闭域的公理.
2) $\forall x,y\, D(x+y)=D(x)+D(y)$.
3) $\forall x,y\, D(xy)=xD(y)+yD(x)$.
4) 对于任意非常数的微分多项式 $f(X)$ 和 $g(X)$, g 的阶数比 f 的阶数小, 则存在 x 满足 $f(x)=0 \wedge g(x) \neq 0$.

定义 5.2.1　假设 K 为一微分闭域, 称 α 是在 k 上的强代数的 (strongly algebraic), 假如存在多项式 $p(X) \in k[X]-\{0\}$ 满足 $p(a)=0$.

引理 5.2.2　假设 K 为微分闭域, $a \in K$ 在其常数域 C 上是强代数的, 则 $a \in C$.

证明　设 $p(X)=\sum\limits_{i=0}^{m} b_i X^i$ 为 a 在 C 上的最小多项式, 由于 $p(a)=0$, 所以 $D(p(a))=0$. 但另一方面, $D(p(a))=\left(\sum\limits_{i=0}^{m-1}(i+1)b_{i+1}a^i\right)\cdot D(a)$. 因为 p 是 a 的最小多项式, $\sum\limits_{i=0}^{m-1}(i+1)b_{i+1}a^i \neq 0$. 从而 $D(a)=0$, 所以 $a \in C$. ∎

引理 5.2.3　每一个微分域 k 都可开拓到一个微分闭域 K.

证明　给定 k, 设 f 的阶数为 n, g 的阶数小于 n. 设 f_1 是 f 的阶数为 n 的不可约因子. 设 $I=I(f_1)$, 则 $g \notin I$. 设 F 是 $k\{X\}/I$ 的分数域. 设 $a \in F$ 是 X 的像 $(\bmod I)$. 因为 $f \in I$, $f(a)=0$. 而 $g \notin I$, $g(a) \neq 0$. 重复此过程, 就可构造出一个微分闭域 $K \supseteq k$. ∎

引理 5.2.4　设 K 和 L 均为 DCF 的 ω-饱和模型, $\bar{a} \in K$, $\bar{b} \in L$, $k=\mathbb{Q}\langle \bar{a} \rangle$,

§5.2 微分闭域

$l = \mathbb{Q}\langle\bar{b}\rangle$. 假定 $\sigma : k \to l$ 为满足 $\sigma(\bar{a}) = \bar{b}$ 的一个同构. 对于任意 $\alpha \in K$, 存在一个 σ 的同构开拓 $\sigma* : k\langle\alpha\rangle \to L$.

证明 设 $\alpha \in K$. 首先假定 α 是在 k 上是微分代数的. 设 f 是 $I(\alpha/k)$ 的最小多项式, $I(\alpha/k)$ 为在 $k\{X\}$ 中满足 $f(\alpha) = 0$ 的那些微分多项式的理想. 假定 f 有阶数 N. 设 g 为在 σ 下的 f 的像. 设

$$\Gamma(v) = \{g(v) = 0\} \cup \{h(v) \neq 0 : h(X) \in l\{X\}, h \text{ 的阶数 } < N\}.$$

对于任意的 $h_1, \cdots, h_n \in l\{X\}$, 这里每一个 h_i 的阶数 $< N$, 可以找到 $\beta \in L$ 使得 $g(\beta) = 0 \wedge \prod h_i(\beta) \neq 0$. 这样, 由于 L 是 ω-饱和的, 在 L 中存在 β 实现 $\Gamma(v)$. 设定 $\sigma^*(\alpha) = \beta$ 将 σ 开拓至 $\sigma*$. 容易看出 $I(\beta/l)$ 是在 σ 下 $I(\alpha/k)$ 的像. 因而 $K\langle\alpha\rangle \cong l\langle\beta\rangle$.

假如 a 是在 k 上微分超越的, 利用 ω-饱和性可找出 $\beta \in L$, β 是在 l 上微分超越的. 这样就可以用增加映射 $\alpha \mapsto \beta$ 将 σ 开拓. ∎

定理 5.2.5 DCF 是量词可消去的.

证明 应用量词可消去的第一判别法, 只需证明假如 $K, L \vDash \text{DCF}$, $k \subseteq K$, $k \subseteq L$, $\bar{a} \in k$, $b \in K$, $\varphi(v, \bar{w})$ 无量词, 假如 $K \vDash \varphi(b, \bar{a})$, 则 $L \vDash \exists v \varphi(v, \bar{a})$.

因为如需要的话可用 K 和 L 的初等开拓来代替它们, 因而不失一般性, 我们可以假定 K, L 都是 ω-饱和的. 我们也可以假定 k 是由 $\bar{a}$ 生成的微分域. 这样由引理 5.2.4, 可以找到 $\beta \in L$ 满足 $k\langle b \rangle \cong k\langle \beta \rangle$. 这样 $L \vDash \varphi(\beta, \alpha)$, 从而 $L \vDash \exists v \varphi(v, \bar{a})$. ∎

推论 5.2.6 DCF 是完全的和模型完全的.

证明 设 $\mathcal{K}$ 和 $\mathcal{L}$ 均为 DCF 的模型, 那么 $\mathbb{Q}$(加上通常的微分法则) 是它们的子结构. 每一个语句 φ 均可被证明等价到一个无量词公式 ψ. 但是

$$\mathcal{K} \vDash \varphi \Leftrightarrow \mathcal{K} \vDash \psi \Leftrightarrow \mathbb{Q} \vDash \psi \Leftrightarrow \mathcal{L} \vDash \psi \Leftrightarrow \mathcal{L} \vDash \varphi.$$

这样, $\mathcal{K} \equiv \mathcal{L}$, 这就是说 DCF 的任意两个模型都是初等等价的, 根据定理 1.4.3, DCF 是完全的.

另外, 量词可消去 $\Rightarrow$ 模型完全的, 所以 DCF 是模型完全的. ∎

定义 5.2.7　对于每一个 1-型 $p(v) \in S_1(k)$, 定义 $I_p = \{f \in k\{X\} : (f(v) = 0) \in p\}$. 显然 I_p 是素微分理想.

引理 5.2.8　$p \mapsto I_p$ 是由 $S_1(k)$ 到 $k\{X\}$ 上的素微分理想空间的一个双射.

证明　假定 $p, q \in S_1(k)$, 且 $p \neq q$, 那么存在公式 $\varphi(v, \bar{a}) \in p - q$. 由于量词可消去, 存在微分多项式 f_{ij} 和 g_i 满足

$$\varphi(v, \bar{a}) \Leftrightarrow \bigvee_i (\bigwedge_j f_{ij}(v) = 0 \land g_i(v) \neq 0).$$

这样, $\varphi(v, \bar{a}) \in p \Leftrightarrow$ 存在某个 i 使得对一切 j, $f_{ij} \in I_p$. 但 $g_i \notin I_p$. 由于 $\varphi(v, \bar{a}) \in p - q$, $\varphi(v, \bar{a}) \notin q \Leftrightarrow \forall i \exists j (f_{ij}(v) \neq 0 \lor g_i(v) = 0)$. 所以 $I_p \neq I_q$. 这样 $p \mapsto I_p$ 是单射 (一一的).

其次, 对于任意的微分理想 I, 设 K 是包含 $k\{X\}/I$ 的分式域的微分闭域. 如果 p 是 k 上的由未定的 X 的像认知的型, 则 $I_p = I$. 所以 $p \mapsto I_p$ 是满射 (在上的). ∎

引理 5.2.9　DCF 是 ω-稳定的.

证明　设 k 为一微分域. 我们要证明 $|S_1(k)| = |k|$. 由于在 $S_1(k)$ 和 $k\{X\}$ 的微分素理想的空间之间存在一个双射, 根据引理 5.1.15, 每一个微分素理想都有形式 $I(f)$, f 是 $k\{X\}$ 中的某个元素, 这样, $|S_1(k)| = |k\{X\}| = |k|$. ∎

下面的引理在后面是有用的.

引理 5.2.10　假如 k 是一个微分域, K 是 k 的微分闭包, 则 C_K 在 C_k 上是代数的. 如果 C_k 是代数闭的, 则 $C_k = C_K$.

§5.3　微分闭域的映像可消去

在本节中我们要讨论由 Shelah 首先引出的一个概念, 即所谓映像可消去 (elimination of imaginaries). 映像可消去是域的模型论的一个中心思想, 特别是如果某个理论是映像可消去的, 那么可以用定义的对象来表示可定义商域. 先给出下面的定义.

定义 5.3.1　假定 T 是理论, $\mathcal{M}$ 是它的适当的饱和模型., 而 p 是 $\mathcal{M}$ 上的型.

§5.3 微分闭域的映像可消去

称 B 是 p 的典范基 (canonical base)，假如 B 是可定义闭的，且如果 σ 是 M 的一个自同构，则 σ 固定 p 的实现 (realizations)(即如果 C 是所有满足 p 的元素的集合，则 $\sigma(C) = C$) 当且仅当它逐点固定 B.

引理 5.3.2 假定 B 是 $\varphi(\bar{v}, \bar{a})$ 的典范基，那么存在公式 $\psi(\bar{v}, \bar{w})$ 和 $\bar{b} \in B$ 使得 $\varphi(\bar{v}, \bar{a}) \leftrightarrow \psi(\bar{v}, \bar{b})$，且这个 $\bar{b}$ 是唯一的，即对于一切 $\bar{b}' \neq \bar{b}$, $\psi(\bar{v}, \bar{b}) \not\leftrightarrow \psi(\bar{v}, \bar{b}')$.

证明 设 $\Gamma(\bar{v}) = \{\psi(\bar{v}) : \psi$ 为 B 上的公式且 $\varphi(\bar{v}, \bar{a}) \to \psi(\bar{v})\}$. 我们要证明 $\Gamma(\bar{v}) \to \varphi(\bar{v}, \bar{a})$. 用反证法，由饱和性，存在 $\bar{c} \in M$ 使得 $\Gamma(\bar{c})$ 和 $\neg\varphi(\bar{c}, \bar{a})$ 均成立. 如果 $\text{tp}(\bar{c}'/B) = \text{tp}(\bar{c}/B)$，则存在一个固定 B 不变的 M 的自同构 σ, 且 $\sigma(\bar{c}) = \bar{c}'$. 因为任何保持 B 不变的自同构规范了 (normalize)$\varphi(\bar{v}, \bar{a})$, 所以有 $\neg\varphi(\bar{c}', \bar{a})$. 这样 $\text{tp}(\bar{c}/B) \to \neg\varphi(\bar{v}, \bar{a})$. 因此存在 B 上的公式 $\theta(\bar{v})$ 使得 $\theta(\bar{v}) \in \text{tp}(\bar{c}/B)$ 且 $\theta(\bar{v}) \to \neg\varphi(\bar{v}, \bar{a})$. 但这样一来 $\neg\theta(\bar{v}) \in \Gamma$ 与 $\Gamma(\bar{c})$ 为真矛盾. 于是 $\Gamma(\bar{v}) \to \varphi(\bar{v}, \bar{a})$. 又由紧致性定理，存在公式 $\psi_0(\bar{v}, \bar{b}), \bar{b} \in B$ 满足 $\varphi(\bar{v}, \bar{a}) \leftrightarrow \psi_0(\bar{v}, \bar{b})$. 现假定 $\bar{b}$ 和 $\bar{b}'$ 实现同样的在空集上的型，那么存在自同构 σ 使得 $\sigma(\bar{b}) = \bar{b}'$. 由于这个自同构并不固定 B 不变，它不能规范化 $\varphi(\bar{v}, \bar{a})$. 这样 $\psi_0(\bar{v}, \bar{b}) \not\leftrightarrow \psi_0(\bar{v}, \bar{b}')$. 于是 $\theta(\bar{v}) \in tp(\bar{b})$ 使得

$$\theta(\bar{c}) \wedge \bar{c} \neq \bar{b} \to (\psi_0(\bar{v}, \bar{b}) \not\leftrightarrow \psi_0(\bar{v}, \bar{c})).$$

设 $\psi(\bar{v}, \bar{w}) = \psi_0(\bar{v}, \bar{w}) \wedge \theta(\bar{w})$. 证明完成. ∎

注意一个公式的典范基就是一个有穷集的可定义闭包.

定义 5.3.3 如果理论 T 的每一个公式 $\varphi(\bar{v}, \bar{a})$ 都有一个典范基，则称 T 容许映像可消去，或 T 是容许映像可消去的.

下面的引理给出了映像可消去与等价关系的联系. 事实上有人用定理中的等价关系来定义映像可消去.

引理 5.3.4 假设 T 容许映像可消去且它的语言有两个常数符号. 设 $\mathcal{M} \vDash T$, E 是在 M^n 上的 ϕ-可定义等价关系. 则存在一个在 ϕ-可定义的函数 $f : M^n \to M^n$ 使得 $xEy \Leftrightarrow f(x) = f(y)$.

证明 由映像可消去的定义以及引理 5.3.2，对每一个公式 $\varphi(\bar{v}, \bar{a})$, 存在公式 $\psi_{\bar{a}}(\bar{v}, \bar{w})$ 和唯一的 $\bar{b}$ 满足 $\varphi(\bar{v}, \bar{a}) \leftrightarrow \psi_{\bar{a}}(\bar{v}, \bar{b})$. 由紧致性定理，可以找到 $\psi_1, \cdots, \psi_n$, 使得对一切 $\bar{a}$ 存在 i 和唯一的 $\bar{b}$ 满足 $\varphi(\bar{v}, \bar{a}) \leftrightarrow \psi_i(\bar{v}, \bar{b})$. 再由通常的编码法，就可

以归约到一个单一的公式 ψ.

为完成引理的证明, 设 $\varphi(\bar{v},\bar{w})$ 为 $\bar{v}E\bar{w}$, 并设 $f:\bar{a}\mapsto\bar{b}$, 这里 $\bar{b}$ 唯一满足 $\bar{v}E\bar{a}\Leftrightarrow\psi(\bar{v},\bar{b})$. ∎

我们现在再转到下面映像可消去的判断法.

引理 5.3.5 设 T 是 ω-稳定的理论, $\mathcal{M}\vDash T$ 是适当的饱和模型. 假如每一个在 M 上的共轭完全型的有穷集均有正则基, 则 T 容许映像可消去.

证明 对于任意公式 $\varphi(\bar{x},\bar{a})$, 设 $E_\varphi(\bar{y},\bar{z})\Leftrightarrow\forall\bar{x}(\varphi(\bar{x},\bar{y})\leftrightarrow\varphi(\bar{x},\bar{z}))$. M 上的一个自同构固定 $\varphi(\bar{x},\bar{a})$ 当且仅当它保持 $\bar{a}$ 的 E_φ-等价类. 设 $p_1,\cdots,p_n$ 为包含 $E_\varphi(\bar{y},\bar{a})$ 的最大秩的全体型.

可以有 $\{p_1,\cdots,p_n\}$ 的分划 (partition) 将其分类为有穷多个共轭类. 对每一个等价类, 都可以找到一个正则基 B.

设 A 是这些正则基的并. 显然, p_i 是一个自同构置换 (permutes) 当且仅当它固定 A 不变. $p_1,\cdots,p_n$ 是 M 的自同构置换当且仅当它保持 $\bar{a}$ 的 E_φ 等价类不变. 这样, A 是 $\varphi(\bar{x},\bar{a})$ 的典范基. ∎

代数闭域, 微分闭域以及可分闭域的映像可消去均可用下面的方法证明. 它要用到代数几何中的一个古典定理.

定义 5.3.6 设 K 为域, I 为 $K[\bar{X}]$ 的理想. 如果 I 是由 $k[\bar{X}]$ 中多项式生成的, 则称 k 为定义 I 的域.

定理 5.3.7 每一个 $K[\bar{X}]$ 中的理想 I 都有一个定义 k 的唯一的最小的域. 任何固定 I 不变的的 K 自同构也逐点固定 k 不变.

证明 设 M 是 $K[\bar{X}]/I$ 的单项式的一个基, 它是 K 上的一个向量空间. 每一个 $K[\bar{X}]$ 中的单项式可写成 $\sum a_{ui}m_i+g_u$, 这里 $a_{ui}\in K, m_i\in M,$ 且 $g_u\in I$.

设 k 是由所有 a_{ui} 生成的 K 的子域. 对于任意 $f\in K[\bar{X}], f$ 可写成 $\sum b_u u$, 这里每个 u 都是一个单项式. 这样,

$$f=\sum b_u u=\sum b_u\left(u-\sum a_{ui}m_i\right)+\sum b_u\left(\sum a_{ui}m_i\right)$$

§5.3 微分闭域的映像可消去

$$= \sum b_u \left(u - \sum a_{ui}m_i\right) + \sum c_i m_i.$$

如果 $f \in I$, 那么由于每一个 $u - \sum a_{ui}m_i$ 都在 I 中, m_i 是 $K[\bar{X}]/I$ 的基, 所以每一个 $c_i = 0$. 这样 $u - \sum a_{ui}m_i$ 生成理想 I, 但 $u - \sum a_{ui}m_i \in k[\bar{X}]$, 因此 k 为 I 所定义的域.

假设 l 是另一个为 I 所定义的域. 设 $f_1, \cdots, f_s \in l[\bar{X}]$ 生成 I. 对每一个单项式 u, 存在 $K[\bar{X}]$ 中的 $g_{u1}, \cdots, g_{us}$, 满足 $u - \sum a_{ui}m_i = \sum g_{ui}f_i$. 将 a_{ui} 和 g_{ui} 看作变元, 就得到一个在 $l[\bar{X}]$ 上的线性方程组. 这个方程组在 K 中有一个解, 所以也在 l 中有一个解. 但这样的话, m_i 就形成了 $K[\bar{X}]/I$ 的一个基, 所以假如 $u - \sum c_{ui}m_i \in I$, 就必有 $c_{ui} = a_{ui}$, 从而 $k \subset L$.

设 α 是 K 的固定 I 不变的自同构. 对于每一个单项式 u, $\alpha(u - \sum a_{ui}m_i) = u - \sum \alpha(a_{ui})m_i \in I$. 再者, 由于 m_i 形成 $K[\bar{X}]/I$ 的一个基, 所以必有 $\alpha(a_{ui}) = a_{ui}$, 这样, α 固定了 k. ∎

推论 5.3.8 设 $\{I_1, \cdots, I_n\}$ 为 $K[\bar{X}]$ 中的共轭素理想的集合, 那么存在子域 k 使得如果 α 是 K 的自同构, 则 α 置换 $I_1, \cdots, I_n$ 当且仅当 α 逐点固定 k.

推论 5.3.9 设 $\{I_1, \cdots, I_n\}$ 是 $K\{X_1, \cdots, X_m\}$ 的共轭微分素理想的集合. 存在子域 $k \subseteq K$ 使得 K 的一个自同构置换理想 I_j 当且仅当它逐点固定 k.

证明 设 $J = \cap I_j$ 为根式微分理想. 这样由 Ritt 基定理, 它是一个有穷生成的根式微分理想. 设 $f_1, \cdots, f_s$ 满足 $J = \{f_1, \cdots, f_s\}$. 存在自然数 N 使得所有的 $f_i \in K[X_i^{(j)} : i \leq m, j \leq N]$. 再设 $J_0 = J \cap K[X_i^{(j)} : i \leq m, j \leq N]$, k 是 J_0 的定义的域. 显然, 任何 K 的自同构固定 J 当且仅当它逐点固定 k. 也就当且仅当它逐点固定 k. 由分解定理和根式理想分解的唯一性, 一个自同构固定 J 当且仅当它置换 I_j. ∎

定理 5.3.10 微分闭域的理论是映像可消去的.

证明 设 K 为微分闭域, p 是 K 上的 n-型, 即 $p \in S_n(K)$. 设

$$I_p = \{f(\bar{X}) \in K[X_1, \cdots, X_n] : "f(\bar{v}) = 0" \in p\}.$$

这是在 n-型和 $K[\bar{X}]$ 中素理想的之间的一个双射. 如果 $p_1, \cdots, p_n$ 是共轭完全型, 那么取由推论 5.3.9 给出的为 $I_{p_1}, \cdots, I_{p_n}$ 定义的域, 就得到一个这个集合的正则基.

再根据推论 5.3.5, 这个理论是映像可消去的. ∎

§5.4 线性微分方程

在本节中要扼要的回忆一下线性微分方程的基本理论, 为下一节作准备.

首先回忆线性代数中的 Wronskian 行列式.

定义 5.4.1 $X_1, X_2, \cdots, X_n$ 的 Wronskian 行列式是

$$W(X_0, \cdots, X_n) = \begin{vmatrix} X_0 & X_1 & \cdots & X_n \\ X_0' & X_1' & \cdots & X_n' \\ \vdots & \vdots & & \vdots \\ X_0^{(n)} & X_1^{(n)} & \cdots & X_n^{(n)} \end{vmatrix},$$

这里 X_i' 是 X_i 的导函数.

我们都知道 Wronskian 行列式在解线性微分方程中的应用, 就是用它来判定线性常微分方程解的独立性. 下面就是这个关于 Wronskian 行列式的有名的定理. 它的证明可以在常微分方程的教科书中找到.

引理 5.4.2 设 k 为一在 C_k 上的可微分域, $x_0, \cdots, x_n \in k$. 则 $W(x_0, \cdots, x_n) = 0$ 当且仅当 $x_0, \cdots, x_n$ 在 C_k 上不是线性独立的.

设 $L(X) = X^{(n)} + \sum\limits_{i=0}^{n-1} a_i X^{(i)}$, 这里 $a_0, \cdots, a_{n-1} \in k$. 现在考察齐次线性方程 $L(X) = 0$. 下面的引理是显然的.

引理 5.4.3 设 $x_0, \cdots, x_n \in k$ 是 $L(x) = 0$ 的解, 则 $x_0, \cdots, x_n$ 是在 C_k 上线性相关的.

证明 留作习题.

如果 $x_1, \cdots, x_n$ 是 $L(X) = 0$ 在 k 中的线性独立的解, 则对于任意常数 $c_1, \cdots, c_k$, $\sum c_i x_i$ 也是 $L(X) = 0$ 的解.

定理 5.4.4 设 $K \supseteq k$ 是微分闭域. 齐次线性方程 $L(X) = 0$ 有在 C_k 上线性独立的解 $x_1, \cdots, x_n \in K$. 那么 $L(X) = 0$ 的解空间就是由 $x_1, \cdots, x_n$ 在 C_k 上生成的.

我们称 $\{x_1,\cdots,x_n\}$ 是 $L(X)=0$ 的一个基础解系. 而对于非齐次线性方程 $L(X)=b, b\neq 0$ 来说, 它的解集合就是 $\{y+\sum c_i x_i | c_i \in C_k\}$, 这里 y 是 $L(X)=b$ 的一个特解, $\{x_1,\cdots,x_n\}$ 是 $L(X)=0$ 的基础解系.

定义 5.4.5 设 K/k 为微分域. 如果有线性微分方程 $L(X)=0, \{x_1,\cdots,x_n\}\subset K$ 是它的一个基础解系, 并满足 $K=k<x_1,\cdots,x_n>$, $C_k=C_K$, 则称 K 是 k 的 Picard-Vessiol 开拓, 也称 K/k 是对于 L 的 Picard-Vessiol 开拓.

定理 5.4.6 设 k 为 C_k 上的微分域, C_k 是代数闭的. $L(K)=0$ 是 k 上的齐次线性微分方程. 那么, 存在 L 的 Picard-Vessiol 开拓 K/k, 而且 K 是唯一的.

证明 设 F 是 k 的微分闭包. 由引理 5.2.10, $C_F=C_k$. 又由定理 5.4.4, 可以有 $x_1,\cdots,x_n \in F$ 为 $L(X)=0$ 的基础解系. 那么 $K=k<x_1,\cdots,x_n>$ 就是 k 的一个 Picard-Vessiol 开拓.

为证明开拓的唯一性, 设 K_1 是 k 的另一个 Picard-Vessiol 开拓. 设 F_1 是 K_1 的微分闭包. 由引理 5.2.10, $C_{F_1}=C_{K_1}=C_k$.

由于 F 是 k 的微分闭包, 因此可将 F 嵌入 F_1. 设 $y_1,\cdots,y_n$ 是 $L(X)=0$ 的基础解系, 且满足 $K_1=k<y_1,\cdots,y_n>$. 但每个 x_i 都是在 C_k 上的 $(y_1,\cdots,y_n)$ 的生成集中. 每个 y_i 都是在 C_k 上的 $(x_1,\cdots,x_n)$ 的生成集中. 这样 $K=K_1$. 于是 $L(X)=0$ 决定了 k 的唯一的 Picard-Vessiol 开拓. ∎

§5.5 微分闭域中的型

本节假定 K 是一个足够大的饱和微分闭域.

回忆 a 称为是在集合 B 上代数的, 如果存在公式 $\varphi(v,\bar{w})$, 存在 $\bar{b}\in B$ 满足 $\varphi(a,\bar{b})$ 且 $\{x|\varphi(x,\bar{b})\}$ 是有穷的. 称 a 是在 B 上强代数的, 如果 a 是某个通常多项式的零点, 此多项式的系数在由 B 生成的子域中. 对于任意的 b, 它的微分算子 $D(b)$ 是在 b 上代数的, 但不一定是在 b 上强代数的. 下面的引理给出了代数的和强代数的这两个概念间的关系.

引理 5.5.1 设 k 是由 B 生成的微分闭域. 那么 a 是在 B 上代数的当且仅当它是在 k 上是强代数的.

证明 显然,如果 a 在 k 上是强代数的,则它是在 k 上代数的. 为证明另一方向, 假定 a 是在 B 上是代数的. 考察 $I = I(a/k)$. 假如 I 的微分秩 $\mathrm{RD}(I) = 0$, 则 a 是在 k 上强代数的. 假设 $\mathrm{RD}(I) \geqslant 1$. 设 $f(X)$ 是 I 的最小多项式, K 是 k 的微分闭包, $f_1 \in K\{X\}$ 是 f 的不可约因子. 那么 f 和 f_1 有相同的阶. 因为 K 是饱和的, 故存在 $b \in K$ 满足 $I(b/K) = I(f_1)$. 根据引理 5.1.18, $I(b/K) \cap k\{X\} = I$. 这样 b 和 a 实现了在 k 上的相同的型. 但如果 $b \notin K$, 而 a 是在 k 上代数的, 而实现 k 上同样型的元素必在微分闭包 K 中, 矛盾. ∎

下面要给出一个型的分叉的代数特征. 假定 $K \subset L$, q 是 K 上的 1-型, p 是 L 上的 1-型, $q \subseteq p$. 我们要证明 p 在 K 上分叉当且仅当 $\mathrm{RD}(p) < \mathrm{RD}(q)$. 首先回忆稳定性理论中的某些基本定义和事实.

定义 5.5.2 设 p 是 k 上的 1-型, 即 $p \in S_1(k)$. 假如对某个 $\bar{a} \in k$, $\varphi(v, \bar{a}) \in p$, 则称 $\varphi(v, \bar{w})$ 在 p 中被表示 (represented).

$q \supseteq p$ 称作 p 的继承 (heir), 如果每一个可在 q 中表示的公式也都可以在 p 中表示.

假设 $K \vDash \mathrm{DCF}$, $L \supseteq K$, 那么 $p \in S_1(K)$ 在 $S_1(L)$ 中有一个唯一的继承. 下面就来定义分叉.

定义 5.5.3 设 $k \subseteq l$, $p \in S_1(k)$, $q \in S_1(l)$, 且 $p \subseteq q$. 如果对所有满足 $k \subseteq M$, $M \cup l \subseteq N$ 的 $M, N \vDash \mathrm{DCF}$, 存在 $p_1 \in S_1(M)$, $q_1 \in S_1(N)$ 使得 $p \subseteq p_1$, $q \subseteq q_1$, 且 q_1 是 p_1 的继承, 则说 q 不在 k 上分叉.

下面的引理可在包含稳定性理论的模型论的书中找到.

引理 5.5.4 设 k, l, p, q 如上. 假如对每一个满足 $l \subseteq K$ 的 $K \vDash \mathrm{DCF}$, 存在 $p_1 \in S_1(K)$ 使得 $p_1 \supseteq p$, 并且对一切 $q_1 \in S_1(K)$, 如果 $q_1 \supseteq q$, 则 q_1 表示一个不在 p_1 中被表示的公式, 则 q 在 k 上分叉.

下面就可以给出分叉的特征.

定理 5.5.5 设 $k \subseteq l$ 为一微分域, $p \in S_1(k)$, $q \in S_1(l)$, $p \subseteq q$. 那么 q 在 k 上分叉当且仅当 $\mathrm{RD}(q) < \mathrm{RD}(p)$.

证明 假定 $\mathrm{RD}(q) < \mathrm{RD}(p)$. 设 $K \models \mathrm{DCF}$, $K \supseteq l$, f 是 I_p 的最小多项式. 又设 $f_1 \in K\{X\}$ 是同阶的不可约因子, $p_1 \in S_1(K)$ 是 f_1 的一般解生成的型. 那么 $I_{p_1} = I(f_1)$, $I(f_1) \cap k\{X\} = I(f)$, 所以 $p \subseteq p_1$. 这样 $\mathrm{RD}(p_1) = \mathrm{RD}(p)$. 设 $q_1 \in S_1(K)$ 是 q 的任意开拓. 由于 q 包含某个阶数小于 $\mathrm{RD}(p)$ 的公式, q_1 表示了一个不可在 p_1 中表示的公式 (即断言阶数小于 $\mathrm{RD}(p)$ 的非平凡微分多项式将消失的一个公式). 这样, 由引理 5.5.4, q 是 p 的一个分叉开拓.

为证另一方向, 用反证法. 假定 $\mathrm{RD}(p) = \mathrm{RD}(q)$, 设 $K, L \models \mathrm{DCF}$, $K \supseteq k$ 及 $L \supseteq l \cup k$. 设 f 是 I_p 的最小多项式, g 是 I_q 的最小多项式. 那么 f 整除 g (根据引理 5.1.10). 设 g_1 是 g 在有相同阶数的 $L\{X\}$ 中的不可约因子, q_1 是 g_1 的一般解的型. 这样 $p \subseteq q_1$, 且 $\mathrm{RD}(q_1) = \mathrm{RD}(p)$. 设 $p_1 = q_1 \upharpoonright K$, 那么只需证明 q_1 是 p_1 的继承.

设 f_1 是 p_1 中的最小多项式. 于是 f_1 在 $K\{X\}$ 中不可约, 且在 $L\{X\}$ 中保持不可约. 但由于 $f_1 \in I(g_1)$, g_1 整除 f_1, 所以 $g_1 = af_1$, $a \in L$. 不失一般性, 我们可以假设 $g_1 = f_1$.

设 $\varphi(v, \bar{a})$ 是 q_1 中的公式. 根据量词可消去性质, 存在阶数小于 $\mathrm{RD}(q_1)$ 的微分多项式 $h(v, \bar{a})$ 满足

$$\mathrm{DCF} \vdash (f_1(v) = 0 \wedge h(v, \bar{w}) \neq 0) \rightarrow \varphi(v, \bar{w}).$$

但 $f_1(v) = 0 \in p_1$, 且对某个 $\bar{b}$, $h(v, \bar{b}) \neq o \in p_1$. 这样 $\varphi(v, \bar{b})$ 在 p_1 中被表示. 因此 q_1 是 p_1 的继承且 q 是 p 的不分叉开拓, 矛盾. ∎

习 题 五

1. 证明引理 5.1.11.
2. 证明 5.2.7 中的 I_p 是一个素微分理想.
3. 应用引理 5.5.1, 证明 $B \subset K \models \mathrm{DCF}$ 的可定义闭包是由 B 生成的微分域.
4. 设 $p(x) \in S_n(K)$. K 是微分域, $k \subseteq K$. 则 p 不在 k 上分叉当且仅当 $V(I_{p|k})$ 是 $V(I_p)$ 的不可归约的成员, 这里 $V(I) = \{\bar{x} : 对所有的 f \in I, f(\bar{x}) = 0\}$.
5. 证明引理 5.4.3.

第六章 强极小集及其几何

前面几章中已经介绍了强极小的概念,本章中还要较深入地讨论它. 强极小集是 Baldwin 和 Lachlan 在研究有关范畴理论时首先引出的概念[BL]. 以后得到了很多的应用,以至变成了现代模型论的一个主要的概念. 后来人们又考察强极小集的代数闭包,以及它们的组合几何,发现强极小集的局部性质对结构的宏观性质有重要的影响. 不久前, Hrushovski 就是用这个思想证明了函数域的 Mordell-Lang 猜想. 同时人们也将强极小的概念推广至实闭域,引出了与它类似的 o-极小的概念,在 p-进域中已引出了 p-进位域的 p-极小的概念. 在下两章中我们要讨论全序和半序结构中的 o-极小性. 首先在这一章中我们介绍强极小的概念以及它的一些重要性质.

§6.1 强极小集及其性质

在第一节中我们引出强极小集的概念以及它的两个重要性质.

记号 6.1.1 假设 $\mathcal{M}$ 为一 $\mathcal{L}$-结构, $\varphi(\bar{x})$ 为 $\mathcal{L}_M$-公式, 则记

$$\varphi(\mathcal{M}) = \{\bar{a} \in M : \mathcal{M} \vDash \varphi(\bar{a})\},$$

即由公式 $\varphi(\bar{x})$ 可定义的集合.

定义 6.1.2 设 $\mathcal{M}$ 为 $\mathcal{L}$-结构, $D \subseteq M^n$ 为无穷可定义集.

1) 称 D 是 $\mathcal{M}$ 上的极小集, 如果对任意可定义集 $Y \subseteq D$, 或者 Y 有穷或者 $D\backslash Y$ 有穷 (补有穷).

2) 假如 $\varphi(\bar{x},\bar{a})$ 为定义上述 D 的公式, 则称 $\varphi(\bar{x},\bar{a})$ 为极小公式.

3) 称 D 和 φ 为强极小的, 如果在 $\mathcal{M}$ 的任意初等开拓 $\mathcal{N}$ 中它是极小的.

4) 称理论 T 是强极小的, 假如公式 $x = x$ 是强极小的; 亦即假如 $\mathcal{M} \vDash T$, 则 $\mathcal{M}$ 为强极小集.

例 6.1.3 1) 设 $\mathcal{L} = \{E\}$, E 为等价关系, $\mathcal{M}$ 为 $\mathcal{L}$-结构. 等价类的大小为 $n\,(n = 1, 2, 3, \cdots)$, 并且没有无穷等价类. 在此结构中 $x = x$ 为极小公式.

§6.1 强极小集及其性质

2) 假定 $\mathcal{N}$ 为 $\mathcal{M}$ 的初等开拓, 且有某元素 $a \in N$ 的等价类为无穷. 那么公式 xEa 定义了一个 N 的无穷子集, 而它的补也是无穷的, 所以 $x = x$ 不是强极小的.

3) 在第二章中我们证明了代数闭域的理论是强极小的理论. 可除 Abel 群的理论也是强极小的.

前面我们定义了一个集合的代数闭包, 下面的引理是它的最基本的性质.

引理 6.1.4　1) $\mathrm{acl}(\mathrm{acl}(A)) = \mathrm{acl}(A) \supseteq A$.

2) 假如 $A \subseteq B$, 则 $\mathrm{acl}(A) \subseteq \mathrm{acl}(B)$.

3) 假如 $a \in \mathrm{acl}(A)$, 则存在有穷的 $A_0 \subseteq A$ 满足 $a \in \mathrm{acl}(A_0)$.

证明　留作练习.

有了这个引理, 下面我们要证明强极小集的两个重要性质: 交换原理和独立性原理.

引理 6.1.5 (交换原理)　假设 $D \subset M$ 是强极小集, $A \subseteq D, a, b \in D$. 那么, 如果 $a \in \mathrm{acl}(A \cup \{b\}) \setminus \mathrm{acl}(A)$, 则 $b \in \mathrm{acl}(A \cup \{a\})$.

证明　假定 $a \in \mathrm{acl}(A \cup \{b\}) \setminus \mathrm{acl}(A)$, $\mathcal{M} \vDash \varphi(a, b)$, 这里 φ 是一含有 A 中元素作为参数的公式, 且 $|\{x \in D : \varphi(x, b)\}| = n$. 设 $\psi(w)$ 为断言 $|\{x \in D : \varphi(x, w)\}| = n$ 的公式. 那么, 如果 $\psi(w)$ 定义一个 D 的有穷子集, 则由于 $\mathcal{M} \vDash \varphi(a, b)$, 而 $\psi(w)$ 定义 D 的一个有穷子集, 即满足 $\psi(w)$ 的 w 为有穷多个, 所以 $b \in \mathrm{acl}(A)$, $a \in \mathrm{acl}(A)$, 矛盾.

假如 $\{y \in D : \varphi(a, y) \wedge \psi(y)\}$ 有穷, 则有 $b \in \mathrm{acl}(A \cup \{a\})$. 断言成立. 现在用反证法来证明 $\{y \in D : \varphi(a, y) \wedge \psi(y)\}$ 为有穷集. 反设 $|D - \{y : \varphi(a, y) \wedge \psi(y)\}| = m$, $m \in \omega$. 假如 $\chi(x)$ 为表达 $|\{D - \{y : \varphi(x, y) \wedge \psi(y)\}| = m$ 的公式, 如果 $\chi(x)$ 定义了 D 的有穷子集, 于是 $a \in \mathrm{acl}(A)$, 矛盾. 这样 $\chi(x)$ 必定定义了 D 的一个补有穷的子集.

选取 $a_1, \cdots, a_{n+1}$ 使 $\chi(a_i)$ 成立. 设集合 $B_i = \{w \in D : \varphi(a_i, w) \wedge \psi(w)\}$ 当 $i = 1, 2, \cdots, n+1$ 时为补有穷的. 选取 $b_0 \in \cap B_i$, 则对每一个 i, $\varphi(a_i, b_0)$ 成立. 所以 $|\{x \in D : \varphi(x, b_0)\}| \geq n+1$, 矛盾于 $\psi(b_0)$. ∎

下面我们定义关于强极小的独立性概念. 它很像是向量空间中线性独立概念

的推广, 也像是代数闭域中代数独立性概念的推广.

定义 6.1.6　假设 $\mathcal{M} \vDash T, D$ 是 $\mathcal{M}$ 中的强极小集. 称 $A \subseteq D$ 是独立的, 假如对一切 $a \in A, a \notin \mathrm{acl}(A \setminus \{a\})$. 称 A 是在 C 上独立的, 假如 $C \subset D$ 且对一切 $a \in A, a \notin \mathrm{acl}(C \cup (A \setminus \{a\}))$.

引理 6.1.7　假定 $\mathcal{M}, \mathcal{N} \vDash T, \mathcal{M}_0 \vDash T, \mathcal{M}_0 \prec \mathcal{M}, \mathcal{M}_0 \prec \mathcal{N}, A = \varnothing$ 或 $A \subseteq M_0, \varphi(x)$ 为带有 A 中元素为参数的强极小公式. 如果 $a_1, \cdots, a_n \in \varphi(\mathcal{M})$ 是在 A 上独立的, 且 $b_1, \cdots, b_n \in \varphi(\mathcal{N})$ 也是在 A 上独立的, 则

$$\mathrm{tp}^{\mathcal{M}}(\bar{a}/A) = tp^{\mathcal{N}}(\bar{b}/A).$$

证明　这里只证 $A \subseteq M_0, \mathcal{M}_0 \prec \mathcal{M}, \mathcal{M}_0 \prec \mathcal{N}$ 的情形. $A = \varnothing$ 的情形类似, 留作练习.

证明用归纳法, 施归纳于 n.

奠基　$n = 1$. 假定 $a \in \varphi(\mathcal{M}) \setminus \mathrm{acl}(A), b \in \varphi(\mathcal{N}) \setminus \mathrm{acl}(A)$. 设 $\psi(x)$ 为带有 A 中元素为参数的公式, $\mathcal{M} \vDash \psi(a)$. 因为 $a \notin \mathrm{acl}(A), \varphi(\mathcal{M}) \cap \psi(\mathcal{M})$ 无穷, 由于 φ 为强极小公式, 所以 $\varphi(\mathcal{M}) \setminus \psi(\mathcal{M})$ 有穷, 这样存在 n 满足

$$\mathcal{M} \vDash |\{x : \varphi(x) \wedge \neg \psi(x)\}| = n.$$

由于 $\mathcal{M}_0 \prec \mathcal{M}, \mathcal{M}_0 \prec \mathcal{N}, b \notin \mathrm{acl}(A)$, 所以 $\mathcal{N} \vDash \psi(b)$. 这样, $\mathrm{tp}^{\mathcal{M}}(a/A) = \mathrm{tp}^n(b/A)$.

归纳　现在假设断言对于 n 成立, 且 $a_1, \cdots, a_{n+1} \in \varphi(\mathcal{M}), b_1, \cdots, b_{n+1} \in \varphi(\mathcal{N})$ 为在 A 上独立的序列. 记 $\bar{a} = a_1 \cdots a_n, \bar{b} = b_1 \cdots b_n$, 则由归纳假设, $\mathrm{tp}^m(\bar{a}/A) = \mathrm{tp}^{\mathcal{N}}(\bar{b}/A)$. 设 $\psi(\bar{w}, v)$ 为带有 A 中元素为参数的公式, 满足 $\mathcal{M} \vDash \psi(\bar{a}, a_{n+1})$. 因为 $a_{n+1} \notin \mathrm{acl}(A\bar{a}), \varphi(\mathcal{M}) \cap \psi(\bar{a}, \mathcal{M})$ 无穷而 $\varphi(\mathcal{M}) \setminus \psi(\bar{a}, \mathcal{M})$ 有穷, 于是存在 n 满足

$$\mathcal{M} \vDash |\{v : \varphi(v) \wedge \neg \psi(\bar{a}, v)\}| = n.$$

由于 $\mathcal{M}_0 \prec \mathcal{M}, \mathcal{M}_0 \prec \mathcal{N}$, 且 $\mathrm{tp}^{\mathcal{M}}(\bar{a}/A) = \mathrm{tp}^{\mathcal{N}}(\bar{b}/A)$, 所以有

$$\mathcal{N} \vDash |\{v : \varphi(v) \wedge \neg \psi(\bar{b}, v)\}| = n.$$

由于 $b_{n+1} \notin \mathrm{acl}(A\bar{b}), \mathcal{N} \vDash \psi(\bar{b}, b_{n+1})$. 这样

$$\mathrm{tp}^{\mathcal{M}}(\bar{a}a_{n+1}/A) = \mathrm{tp}^{\mathcal{N}}(\bar{b}b_{n+1}/A). \qquad \blacksquare$$

推论 6.1.8 设 $M, N \models T$, A 和 $\varphi(v)$ 定义如上. B 是 $\varphi(M)$ 的无穷子集, 它独立于 A, C 是 $\varphi(N)$ 的无穷子集, 它亦独立于 A, 则 B 和 C 为 A 上的认知同一个型的不可辨无穷集, 即对于一切 $\bar{b} \in B \subseteq \varphi(M), \bar{c} \in C \subseteq \varphi(N)$, 有 $\mathrm{tp}(\bar{b}/A) = \mathrm{tp}(\bar{c}/B)$.

证明 显然.

§6.2 准几何和几何

在本节中要引入组合几何中的某些基本概念和事实.

定义 6.2.1 设 X 为一集合, 而 $\mathrm{cl} : \wp(X) \to \wp(X)$ 为 X 的幂集上的一个算子. 称 (X, cl) 为准几何, 如果以下条件满足:

1) 单调性 假如 $A \subseteq X$, 则 $A \subseteq \mathrm{cl}(A)$, 而且 $\mathrm{cl}(\mathrm{cl}(A)) = \mathrm{cl}(A)$;
2) 传递性 假如 $A \subseteq B \subseteq X$, 则 $\mathrm{cl}(A) \subseteq \mathrm{cl}(B)$;
3) 交换性 假如 $A \subseteq X, a, b \in X$, 且 $a \in \mathrm{cl}(A \cup \{b\}) \backslash \mathrm{cl}(A)$, 则 $b \in \mathrm{cl}(A \cup \{a\})$;
4) 有穷闭包性 如果 $A \subseteq X$, 且 $a \in \mathrm{cl}(A)$, 则存在有穷的 $A_0 \subseteq A$, 使得 $a \in \mathrm{cl}(A_0)$.

称 $A \subseteq X$ 在 (X, cl) 中是闭的, 假如 $A = \mathrm{cl}(A)$.

注意到在任何结构 M 中, 代数闭包满足条件 1), 2), 4), 而由 §6.1 知道对于强极小集, 交换性亦成立. 所以如果 D 是强极小集, (D, cl) 就是一个准几何.

定义 6.2.2 1) 假定 (X, cl) 为准几何, 称 A 是独立的, 假如对一切 $a \in A$, $a \notin \mathrm{cl}(A \backslash \{a\})$.

2) 称 B 为 Y 的一个基, 假如 $B \subseteq Y$ 是独立的且 $Y \subseteq \mathrm{cl}(B)$.

3) 如果在准几何 (X, cl) 中, $Y \subseteq X$ 的任意两个基有同样的基数, 则此基数称作 Y 的维数, 记作 $\dim(Y)$.

4) 假如 $A \subseteq X$, 记 $\mathrm{cl}_A(B) = \mathrm{cl}(A \cup B)$, 并称做是闭包 $\mathrm{cl}(B)$ 关于 A 的局部化.

5) 称准几何 (X, cl) 为几何, 假如 $\mathrm{cl}(\varnothing) = \varnothing$, 且对一切 $x \in X$, $\mathrm{cl}(\{x\}) = \{x\}$.

注意到假如 (X, cl) 为准几何, 则有一个自然的与之有关的几何. 设 $X_0 = X \backslash \mathrm{cl}(\varnothing)$. 考察由在 X_0 上的一个等价关系 E, 定义为 $aEb \Leftrightarrow \mathrm{cl}(\{a\}) = \mathrm{cl}(\{b\})$. 容易验证 E 确为 X 上的一个等价关系. 定义 $\tilde{\mathrm{cl}}(A/E) = \{b/E : b \in \mathrm{cl}(A)\}$, $\tilde{X} = X_0/E$,

则我们有下面的引理.

引理 6.2.3 假如 (X, cl) 为准几何, 则上面定义的 $(\tilde{X}, \tilde{\text{cl}})$ 为几何.

证明 留给读者.

定义 6.2.4 设 (X, cl) 为准几何.

1) 称 (X, cl) 为平凡的, 假如对一切 $A \subseteq X$, $\text{cl}(A) = \bigcup_{a \in A} \text{cl}(\{a\})$.

2) 称 (X, cl) 为模式的 (modular), 假如对任意有穷维的闭集 $A, B \subseteq X$,

$$\dim(A \cup B) = \dim(A) + \dim(B) - \dim(A \cap B).$$

3) 称 (X, cl) 为局部模式的 (locally modular), 假如 (X, cl) 为模式的, 而且它对某个 $a \in X$, (X, cl_a) 是模式的.

下面给出几个准几何和几何的例子.

例 6.2.5 1) 设 D 为点的几何 (即仅含有点), 在 D 中 cl 为代数闭包 acl, 则对于一切 $a \in D$, 有 $\text{acl}(\{a\}) = \{a\}$, $\text{acl}(\varnothing) = \varnothing$, 这样 (D, acl) 为平凡的几何.

2) 设 $D \vDash \text{Th}(\mathbb{Z}, s)$, 这里 s 为整数的后继函数, 即 $s(x) = x + 1$, cl 为 acl. 容易看出, $\text{acl}(\varnothing) = \varnothing$, 对于 $a \in \mathbb{Z}$, $\text{acl}(\{a\}) = \{s^n(a) : n \in \mathbb{Z}\}$. 对于任意的 $A \subseteq \mathbb{Z}$, $\text{acl}(A) = \{s^n(a) : a \in A, n \in \mathbb{Z}\}$. 这样, (D, acl) 为一平凡的准几何, 但它不是一个几何.

3) 设 (X, R) 为一图, $X = \{a_1, b_1, a_2, b_2, \cdots\}$, $\vDash a_i R b_j \Leftrightarrow i = j$, 则 (X, cl) 为一准几何, 因为容易检验定义 6.2.1 中的四条均满足. 而且, 它是平凡的、模式的, 其集合 $A \subseteq X$ 的维数就是 $\frac{1}{2}|\text{cl}(A)|$. (X, R) 不是一个几何. 如果定义等价类 $[a_i] = \{a_i, b_i\}$, 则 X/E 为一相应的几何.

4) 类似于 3), 如果 E 是 X 上的等价关系, X 有无穷多个等价类, 每个等价类含有有穷多个元素, 则 (X, cl) 是一个准几何.

5) 设 F 为一除环, V 为 F 上的无穷向量空间. 这样 V 是一个在于语言 $\mathcal{L} = \{+, 0, \lambda_a, a \in F\}$ 上的结构, 这里 $\lambda_a(x) = ax$ 为标量乘法. 显然 V 是极小集, 而对于集合 $A \subseteq V$, 定义 $\text{cl}(A) = \text{acl}(A) = \text{span}(A)$. 线性子空间交集的维数定理表明这个准几何是模式的. (V, cl) 不是一个几何, 因为 $\text{cl}(\varnothing) = \{\vec{0}\}$, 而且任意的 $v \in V \setminus \{\vec{0}\}$ 是经过 v 和 0 的直线. 为形成一个相应的几何, 可将所有通过 0 的直线看作点, 一

§6.2 准几何和几何

个直线集的闭包就是它们所张的线性子空间的所有直线的集合. 这样, 其相应的几何就恰是 V 的射影空间. 假如 $\dim V = n$, 则这个射影空间有维数 $n - 1$.

6) 代数闭域加上代数闭包 acl 就是一个准几何. 下面要证明它不是局部模式的. 假设 K 是一个有无穷超越度的代数闭域. 我们断言 (K, acl) 不是局部模式的. 设 k 是有有穷超越度的代数闭子域, 则即使在 k 局部化, 此准几何也不是模式的. 设 a, b, x 在 k 上为代数独立的, $y = ax + b$, 则 $\dim(k(x, y, a, b)/k) = 3$ 且 $\dim(k(x,y)/k) = \dim(k(a,b)/k) = 2$. 为否认模式的, 只需证明 $\mathrm{acl}(k(x,y)) \cap \mathrm{acl}(k(a,b)) = k$. 为此设 $d \in (\mathrm{acl}(k(a,b)) \cap \mathrm{acl}(k(x,y))) \backslash k$. 因为 $k(x,y)$ 在 k 上有超越度 2, 不失一般性, 可假定 y 在 $k(d,x)$ 是代数的. 设 $k_1 = \mathrm{acl}(k(d))$, 则有 $p(X,Y) \in k_1[X,Y]$, 为一满足 $p(x,y) = 0$ 的不可约多项式. 由于代数闭域是模型完全的, 所以 $p(X,Y)$ 在 $\mathrm{acl}(k(a,b))$ 上也是不可约的, 从而 $p(X,Y)$ 为 $\alpha(Y - aX - b)$, 这里 $\alpha \in \mathrm{acl}(k(a,b))$. 但这是不可能的, 因为如果这样的话, 则有 $\alpha \in k_1, a, b \in k_1$.

下面的引理告诉我们关于模式的一些等价条件.

引理 6.2.6 设 (X, cl) 为一准几何, 则以下诸条件等价.
1) (X, cl) 是模式的.
2) 假如 $A \subseteq X$ 是非空闭的, $b \in X, x \in \mathrm{cl}(A, b)$, 则存在 $a \in A$ 满足 $x \in \mathrm{cl}(a, b)$.
3) 假如 $A, B \subseteq X$ 为非空闭的, $x \in \mathrm{cl}(A, B)$, 则存在 $a \in A, b \in B$ 满足 $x \in \mathrm{cl}(a, b)$.

证明 1)$\Rightarrow$2) 由有穷闭包性, 我们可以假定 $\dim A$ 是有穷的. 假如 $x \in \mathrm{cl}(\{b\})$, 则证明完成. 所以可以假定 $x \notin \mathrm{cl}(\{b\})$. 由 1), 有

$$\dim(A, b, x) = \dim A + \dim(\{b, x\}) - \dim(A \cap \mathrm{cl}(\{b, x\})),$$

以及

$$\dim(A, b, x) = \dim(A, b) = \dim A + \dim(\{b\}) - \dim(A \cap \mathrm{cl}(\{b\})).$$

因为 $\dim(b, x) = \dim(b) + 1$, 存在 $a \in A$ 使得 $a \in \mathrm{cl}(b, x) \backslash \mathrm{cl}(b)$. 由交换原理, $x \in \mathrm{cl}(b, a)$.

2)$\Rightarrow$3) 同样理由, 可以假定 A, B 为有穷维的. 现在施归纳于 A 的维数. 假如 $\dim A = 0$, 则 3) 显然成立. 现设 $A = \mathrm{cl}(A_0, a), \dim A_0 = \dim A - 1$. 那么 $x \in \mathrm{cl}(A_0, B, a)$. 由 2) 存在 $c \in \mathrm{cl}(A_0, B)$ 满足 $x \in \mathrm{cl}(c, a)$. 由归纳假设, 存

在 $a_0 \in A_0$ 及 $b \in B$ 满足 $c \in \mathrm{cl}(a_0, b)$. 再由 2), 存在 $a^* \in \mathrm{cl}(a_0, a) \subseteq A$ 满足 $x \in \mathrm{cl}(a^*, b)$.

3) $\Rightarrow$1) 假定 $A, B \subseteq X$ 是有穷维的及闭的. 我们施归纳于 A 的维数. 假如 $\dim A = 0$, 则证明已经完成. 现在假定 $A = \mathrm{cl}(A_0, a)$, 这里 $\dim A_0 = \dim A - 1$. 由归纳假设,
$$\dim(A_0, B) = \dim A_0 + \dim B - \dim(A_0 \cap B).$$

首先假定 $a \in \mathrm{cl}(A_0, B)$, 则 $\dim(A_0, B) = \dim(A, B)$, 而且因为 $a \notin A_0$, $\dim A = \dim A_0 + 1$. 因为 $a \in \mathrm{cl}(A_0, B)$, 存在 $a_0 \in A, b \in B$, 使得 $a \in \mathrm{cl}(a_0, b)$. 因为 $a \notin \mathrm{cl}(A_0)$, 所以 $a \notin \mathrm{cl}(a_0)$. 由交换原理, $b \in \mathrm{cl}(a, a_0)$. 这样 $b \in A$. 但 $b \notin A_0$, 因为不然的话, 就会有 $a \in A_0$. 所以有 $\dim(A \cap B) = \dim(A_0 \cap B) + 1$.

其次假定 $a \notin \mathrm{cl}(A_0, B)$. 需证 $A \cap B = A_0 \cap B$. 假定 $b \in B, b \in \mathrm{cl}(A_0, a) \setminus \mathrm{cl}(A_0)$, 则由交换原理, $a \in \mathrm{cl}(A_0, b)$, 矛盾. ∎

习 题 六

1. 试证引理 6.1.4.
2. 试证引理 6.2.3.
3. 试证引理 6.1.7 中 $A = \varnothing$ 的情形.
4. 验证在定义 6.2.2 的 5) 中定义的 E 为 X 上的等价关系.

第七章 线性序结构

继 Baldwin 和 Lachlan 在研究可定义集和不可数范畴理论时提出强极小集的概念以后,Pillay, Steinhorn 和 Knight 等在研究线性序时,又发现对于某些线性序结构,可定义集虽然不是强极小的,但都也有很好的性质,从而他们提出类似强极小集的 o-极小集的概念. 所谓 o-极小集,即序极小集 (ordering minimal set). 本章的 §7.1 给出 o-极小集的定义和例子. §7.2 讨论 o-极小集的性质和特征. §7.3 讨论强 o-极小理论的素模型. §7.4 讨论 o-极小结构的初等等价.

§7.1 线性序结构的可定义集和 o-极小性

在 §3.3 我们定义了 o-极小的结构,现在再详细给出相关的一些定义.

定义 7.1.1 1) 假定 $\mathcal{M} = (M, <, \cdots)$ 为一线性序结构,又称序或有序结构,$I = \{x \in M : \mathcal{M} \vDash a < x < b\}$ 称作 M 上的开区间,这里 $a, b \in M \cup \{\pm\infty\}$, $a < b$. 有时将 I 记作 (a, b). 而 $J = \{x \in M : \mathcal{M} \vDash a \leqslant x \leqslant b\}$ 称作 M 上的闭区间,有时记作 $[a, b]$. 类似地,有半开区间 $[a, b)$ 和 $(a, b]$. 如果 M 中的任意可定义集 X 都是有穷多个区间 $I_1, \cdots, I_n$ 以及一个有穷点集 X_0 的并,即 $X = I_1 \cup \cdots \cup I_n \cup X_0$,则称 $\mathcal{M}$ 为 o-极小的结构.

2) 如果理论 T 的每一个模型都是 o-极小的,则称 T 为强 o-极小的理论.

例 7.1.2 下面的结构都是 o-极小的.

1) 在语言 $\mathcal{L} = \{<\}$ 中的带有或不带有端点的离散的线性序,比如 $(\mathbb{Z}, <)$.

2) 在语言 $\mathcal{L} = \{<\}$ 中的带有或不带有端点的稠密的线性序,比如 $(\mathbb{Q}, <)$.

3) 在语言 $\mathcal{L} = \{+, 0, <\}$ 中的可除线性序 Abel 群.

4) 在语言 $\mathcal{L} = \{+, \cdot, 0, 1, <\}$ 中的实闭域.

注意到以上结构的理论都是量词可消去的. 1), 2) 的第一个证明属于 Longford, Robinson 证明了 3),而 4) 是由 Tarski 首先证明的. 在 §1.5 我们证明了 1) 和 2),在 §1.6 给出 3) 的证明,在 §3.3 我们曾经给出了 4) 的证明.

在第一章我们证明了线性可除 Abel 群的理论是量词可消去的,这就可以很容

易证明它是 o-极小的.

定理 7.1.3　线性可除 Abel 群的理论是强 o-极小的.

证明　假设 G 是任意一个线性可除 Abel 群, $X \subseteq G$ 为可定义集. 由量词可消去性, X 是原子公式定义的集合的 Boole 组合. 假如 $\varphi(v,\bar{w})$ 是原子公式, 则存在整数 $k_0,\cdots,k_n$ 使得 φ 等价到

$$k_0 v + \sum k_i w_i = 0,$$

或者

$$k_0 v + \sum k_i w_i > 0.$$

假设 $\bar{a} \in G$, 则在第一种情形 $\varphi(v,\bar{a})$ 定义了一个有穷点集, 而在第二种情形 $\varphi(v,\bar{a})$ 定义了一个区间. 这样, X 就是有穷点集和端点在 $G \cup \{\pm\infty\}$ 内的有穷多个区间的并集. 因此任何线性可除 Abel 群都是 o-极小的结构, 从而线性可除 Abel 群的理论是强 o-极小理论. ∎

不过, 线性可除 Abel 群的理论不是强极小的. 比如有理数集 $(\mathbb{Q},<)$ 是一个线性可除 Abel 群, 但它的可定义子集 $A = \{a \in \mathbb{Q} : a < 0\}$ 是无穷的, 它的补集 $A' = \{a \in \mathbb{Q} : a \geqslant 0\}$ 也是无穷的.

§7.2　o-极小结构

定义 7.2.1　称有序结构 M 是可定义完全的, 如果 M 的所有有上界的可定义集在 M 中均有最小上界, 所有有下界的可定义集在 M 中均有最大下界.

命题 7.2.2　所有 o-极小结构都是可定义完全的.

证明　显然.

注意上述命题的逆不一定正确. 比如在有理数集 $\mathbb{Q}$ 中定义一元谓词 $P = \left\{\dfrac{1}{n} : n \in \omega\right\}$, 则线性序结构 $(\mathbb{Q},<,P)$ 就是可定义完全的. 但类似于上节最后一段, 我们已知它不是 o-极小的结构 (留作习题).

下面要给出本节的第一个重要结果, 即每一个 o-极小线性序群都是一个可除有序 Abel 群. 在证明这个以前, 先证明以下引理.

§7.2 o-极小结构

引理 7.2.3 设 $\mathcal{G} = (G, +, 0, <)$ 是 o-极小的线性群, 则 $\mathcal{G}$ 的可定义子群仅为 $\{0\}$ 或 $\mathcal{G}$ 本身.

证明 假定 $\mathcal{G}$ 不是平凡的群, $\mathcal{H}$ 是它的非平凡子集, $\mathcal{H} \neq \mathcal{G}$. 我们希望得出一个矛盾. 设 $\mathcal{H} = \{h \in G : \mathcal{G} \vDash \varphi(h, \bar{g}), \bar{g} \in G^n\}$.

由于 $\mathcal{H}$ 为非平凡, H 必为无穷, 因为对于任意 $h \in H$, $h \neq 0$. 无穷集 $\{nh : n \in \omega\}$ 是它的子集. 根据 o-极小性, H 包含非平凡的区间. 假定这些区间中最大的一个为 J. 不失一般性, 可设它关于 0 点对称, 即 J 为 $(-h, h)$ 或 $[-h, h]$ 的形式, 这里 $h \in G$. 下面证明这两者皆不可能. 首先假定没有 $h' \in G \backslash H$ 满足 $h < h' < 2h$, 则 $0 < h' - h < h$, 从而 $h' - h \in H$. 但这样一来, $(h' - h) + h = h' \in H$, 矛盾于 J 的极大性, 所以 J 不可能形为 $[-h, h]$. 现在假定 $J = (-h, h)$ 非空, 存在 $h' \in J$, $h' > 0$. 这样 $0 < h - h' < h$, 所以 $h - h' \in H$. 但这样的话, $(h - h') + h' = h \in H$, 这不可能. 于是引理得证. ∎

现在就来证明以下定理.

定理 7.2.4 假定 $\mathcal{G} = (G, +, 0, <)$ 为 o-极小线性群, 则 $\mathcal{G}$ 是可除线性 Abel 群.

证明 首先证明 $\mathcal{G}$ 为 Abel 群. 事实上, 对于 $g \in G$, 考察可定义子群 $C(g) = \{h \in G : h + g = g + h\}$. 由引理 7.2.3, 实际上 $C(g) = G$.

其次, 注意到可定义子群 $nG = \{ng : g \in G\}$ 实际上亦为 G, 因为它不可能是单点集. ∎

这样由定理 7.1.3 和定理 7.2.4 可知假如 G 是线性群, 则 G 是 o-极小的当且仅当 G 是可除 Abel 群.

下面我们要证明第二个重要定理. 在这之前, 首先要引用两个引理. 第一个引理的证明是显然的, 第二个引理是代数学中的一个结果. 设 $\mathcal{M}$ 为一线性序结构, $A \subseteq M$ 称作凸的, 假如它是对称的, 即 $a \in A \Leftrightarrow -a \in A$, 并且有 $\forall a, b \in M$, $0 \leqslant a \leqslant b \wedge b \in A \Rightarrow a \in A$.

引理 7.2.5 o-极小结构的可定义凸子结构也是 o-极小结构.

引理 7.2.6 一个线性域是实闭域当且仅当它有中值性质 (见 Hungerford 的

Algebra 中的 167 页).

回忆一个线性序环 $\mathcal{R}$ 有所谓的中值性质, 如果对于任意的 $p(x) \in R[x]$ 和 $a, b \in R$ 满足 $a < b$ 和 $p(a) \cdot p(b) < 0$, 则存在一个满足 $a < c < b$ 的 c 使得 $p(c) = 0$.

现在给出本节的主要定理.

定理 7.2.7 设 $\mathcal{R} = (R, +, \cdot, 1, <0)$ 为 o-极小线性环, 则 $\mathcal{R}$ 为一实闭域.

证明 首先证明 $\mathcal{R}$ 为一线性域, 然后证明它是一实闭域. 为证明它是一个域, 只需证明 $\mathcal{R}$ 的所有正元素集 R^+ 在乘法下形成一个 Abel 群. 首先, 作为第一步, 给定 $r \in R, r \neq 0$. 注意到 $rR = \{r \cdot s : s \in R\}$ 形成一个非平凡的在加法下的 $\mathcal{R}$ 的线性子群. 由此由引理 7.2.3, $rR = R$. 特别地, 有某个 $s \in R$ 满足 $r \cdot s = 1$. 假如 $r > 0$, 则 $s > 0$. 从而 R^+ 在乘法下形成一个线性群. 由于 R^+ 在 R 是可定义的和凸的, 引理 7.2.5 告诉我们, 它是 o-极小的, 而引理 7.2.4 指出, R^+ 为 Abel 的.

另外, 我们需要证明 R 满足中值性质. 设 $a, b \in R, a < b, p(x) \in R[x]$ 满足 $p(a) \cdot p(b) < 0$. 不失一般性, 可设 $p(a) > 0, p(b) < 0$. 反设没有 $c \in R$ 满足 $a < c < b$, 且 $p(c) = 0$. 那么 $(a, b) = P^+ \cup P^-$, 这里 P^+ 和 P^- 为如下定义的可定义集: $P^+ = \{d \in R : a < d < b \land p(d) > 0\}$, $P^- = \{d \in R : a < d < b \land p(d) < 0\}$.

因为已经证明 $\mathcal{R}$ 为域, (a, b) 必为稠密线性集. 用线性域的公理容易证实 $p(x) \in R[x]$ 是在 R 上的连续可定义函数 (根据 §3.4 推论 3.4.10).

假如 $P^+ = (a, b)$, 因 $p(b) < 0$, 故 $p(x)$ 在 $x = b$ 处的连续性被破坏. 类似地, 也不能有 $P^- = (a, b)$. 这样由于 R 是 o-极小的, 必有 $c \in (a, b)$, 是 P^+ 和 P^- 的边界. 现证 $c \notin P^+ \cup P^-$. 假如 $c \in P^+$, 那么包含 c 的任何开区间都要与 P^+ 和 P^- 相交, 于是 $P^- \left(\left\{ d \in R : \frac{p(c)}{2} < d < \frac{2}{3} p(c) \right\} \right)$ 不能包含任何开区间, 因为在其中任一点 $d, p(d)$ 都是正的. 这就矛盾于 p 的连续性. 同样, $c \notin P^-$. 于是 $(a, b) \neq P^+ \cup P^-$. 矛盾于假设, 从而定理得证. ∎

结合定理 7.2.7 和 §3.3 中证明的实闭域是 o-极小的, 我们有: 在语言 $\{+, \cdot, 0, 1, <\}$ 中 R 为实闭域当且仅当 R 为 o-极小的线性环.

注意在以上定理中实际上只要结构为 o-极小的即可, 并不需要这些结构的理

§7.2 o-极小结构

论是强 o-极小的, 虽然强 o-极小的理论的一切模型都是 o-极小结构, 但 o-极小结构的理论不一定是强 o-极小的理论. 我们已经证明了如果一个线性序结构是 o-极小的, 它的理论是强 o-极小的两个例子. 对于一般的情形仍是一个未解决的问题.

定理 7.2.8 (o-极小模型的交换原理) 设 $\mathcal{M} = (M, <, \cdots)$ 为 o-极小结构, $b, c, a_1, \cdots, a_n \in M$. 若 $b \in \mathrm{acl}(\{a_1, \cdots, a_n, c\}) \backslash \mathrm{acl}(\{a_1, \cdots, a_n\})$, 则 $c \in \mathrm{acl}(\{a_1, \cdots, a_n, b\})$.

证明 假定 $\mathrm{Th}(\mathcal{M})$ 为强 o-极小理论. 注意到是代数闭域的必定是可定义的, 并设 $\{a_1, \cdots, a_n\} = \varnothing$. 我们可以假定有某个无参数的可定义部分函数 f 使得 $f(c) = b$. 为得到一个矛盾, 反设 c 不是在 b 上代数的.

设 $A = \{x \in M : f(x) = b\}$. 假如 c 为 A 包含的有穷多个 (有理) 区间中的一个的边界点, 则 c 可在 b 上定义, 从而证明完成. 这样可以假设存在 $d_1, d_2 \in M \cup \{\pm\infty\}$ 使得 $(d_1, d_2) \subseteq A$, 且 $d_1 < c < d_2$. 而且假如 $|(d_1, d_2)| < \aleph_0$, 则 c 再次可在 $A \cup \{b\}$ 上定义. 因而可以假设 $|(d_1, d_2)| \geqslant \aleph_0$. 那么如果 $d_1 = -\infty$, 且 $d_2 = +\infty$, 则 b 在空集 $\varnothing$ 上可定义 (因为唯一的 M 中的 y 满足 $\mathcal{M} \vDash \exists x (f(x) = y)$). 因此 b 在空集 $\varnothing$ 上是代数的.

假如 d_1, d_2 中至少有一个在 M 中. 不失一般性, 设 $d_1 \in M$. 定义

$$B = \{d \in M : \mathcal{M} \vDash (\exists y \leqslant \infty)[\exists z (d < z < y)$$
$$\wedge \forall z_1, z_2 (d < z_1 < y \wedge d < z_2 < y \to f(z_1) = f(z_2))$$
$$\wedge \neg \exists x, z ((x < d < y \leqslant z \vee x \leqslant d < y < z)$$
$$\wedge \forall z_1, z_2 (x < z_1 < z \wedge x < z_2 < z \to f(z_1) = f(z_2)))]\}.$$

注意到:

1) $d_1 \in B$.
2) $\forall d \in B \exists! d' \in M \cup \{\infty\}$ 在上式中作为 y.
3) 假如 $d, e \in B$, 且 $d', e' \in M \cup \{\infty\}$ 相应于 d, e 如在 2) 中, 则 $(d, d') \cap (e, e') = \varnothing$.

我们断言 B 为有穷, 这可由 3) 以及定义 B 的公式的第一个合取获得. 因为否则的话, B 将是一个无穷可定义集, 它不包含在无穷区间中.

假设 d_1 是 B 中以升序排列的第 i 个元素. 这样, b 可由不含参数变元的公式 $\theta(y)$ 定义. $\theta(y)$ 断言 y 是由 2) 决定的区间内部的 f 的值, 这个区间的左端点为 B 的第 i 个元素. 这就与 b 不是代数的 ($|(d, d_2)| \geqslant \aleph_0$) 这个假设矛盾, 从而定理得证. ∎

推论 7.2.9 假设 $\mathcal{X}$ 为 o-极小结构, 则 (X, cl) 为一准几何.

下面引出的是定理 7.2.8 的推广, 它的证明略去, 有兴趣的读者可参阅文献 [PS].

定理 7.2.10 设 $\mathcal{M}$ 为 o-极小结构, $A \subseteq M$, f 为定义域为 (a, b) 的一元函数, 这里 $a < b$, $a \in \mathrm{cl}(A) \cup \{-\infty\}$, $b \in \mathrm{cl}(A) \cup \{+\infty\}$, 并且 f 在 $A \cup \{a, b\}$ 上可定义, 那么存在 $a_0 = a, a_1, \cdots, a_{n-1}, a_n = b \in M \cup \{\pm \infty\}$, 满足:

1) $a_0 < a_1 < \cdots < a_{n-1} < a_n$ 且 $a_1, \cdots, a_{n-1}$ 在 A 上可定义;
2) 在每一个区间 (a_{i-1}, a_i) 上 f 或是单调的或是常数, $i = 1, \cdots, n$.

§7.3 强 o-极小理论素模型的存在和唯一性

在本节中我们要证明可数强 o-极小理论存在素模型, 并且在同构的意义它是唯一的.

定义 7.3.1 假设 T 为固定的理论, $\mathcal{M} \vDash T$, $A \subseteq M$. 称 $\mathcal{M}$ 是在 A 上的素模型, 假如对一切 $\mathcal{N} \vDash T$, $A \subseteq N$, 存在初等映射 $f: M \to N$ 满足 $f \upharpoonright A$ 为恒等映射.

注意当 $A = \varnothing$, 在 A 上的素模型即 §1.2 中定义的通常意义上的素模型.

首先我们证明强 o-极小理论素模型的存在性. 为证明这一点, 我们列出以下引理 (见文献 [Mk2] 中的 131 页).

引理 7.3.2 设 $\mathcal{L}$ 为可数语言, T 是有无穷模型的 $\mathcal{L}$-理论, 则以下诸命题等价:

1) T 有素模型.
2) 对一切 n, $S_n(T)$ 的孤立型是稠密的.

这里, 引理中的素模型是指通常意义的素模型, 但对于上述定义的素模型, 显然也是对的. 这样下面的引理就保证了强 o-极小理论素模型的存在性.

§7.3 强 o-极小理论素模型的存在和唯一性

定理 7.3.3 假如 $T = \text{Th}(\mathcal{M})$ 是强 o-极小的理论，$A \subseteq M$，则 T 有 A 上的素模型.

证明 由上面的引理，我们只需证明对一切 n，孤立的 n-型在 $S_n(A)$ 上是稠密的. 也就是说，对于任意公式 $\varphi(\bar{x}, \bar{a}), \bar{a} \in A$，存在完备公式 $\psi(\bar{x}, \bar{b}), \bar{b} \in A$ 满足

$$\mathcal{M} \vDash \forall \bar{x}(\psi(\bar{x}, \bar{b}) \to \varphi(\bar{x}, \bar{a})).$$

为证明此点，我们施归纳于变元 $\bar{x}$ 的长度 n.

奠基 $n = 1$ 由于 $T = \text{Th}(\mathcal{M})$ 是强 o-极小的，$\varphi(x, \bar{a})$ 定义的集合 Φ 为点与区间的有穷并. 如果某个点或某个区间的端点满足 $\varphi(x, \bar{a})$，则定义这些点的公式 (一个含参数 $\bar{a}$ 的公式) 就是一个完备公式. 因此只需考虑 Φ 中的开区间.

设 $\varphi_0(x, \bar{a})$ 是在 $\mathcal{M}$ 中满足的定义的最左边的区间的公式. 如果 $\varphi_0(x, \bar{a})$ 不是完备的，则存在某个公式 $\psi(x, \bar{b}), \bar{b} \in A$，满足

$$\mathcal{M} \vDash \exists x(\varphi_0(x, \bar{a}) \wedge \psi(x, \bar{b})) \wedge \exists x(\varphi_0(x, \bar{a}) \wedge \neg \psi(x, \bar{b})).$$

但是 $\psi(x, \bar{b})$ 定义的区间的边界点必在由 $\varphi_0(x, \bar{a})$ 在 $\mathcal{M}$ 中定义的开区间之内，而这些边界点又可用某个公式 $\psi^*(x, \bar{b})$ 定义. 这样我们取这个公式作为所需要的完备公式.

归纳 设 $\varphi(x_1, \cdots, x_n, x_{n+1}, \bar{a})$ 为 A 上的任意公式，记 $\bar{x} = (x_1, \cdots, x_n, x_{n+1})$. 对于 $\exists x_{n+1} \varphi(x_1, \cdots, x_{n+1}, \bar{a})$，设 ψ 为 n 变元的完备公式，故有

$$\psi(x_1, \cdots, x_n) \to \exists x_{n+1} \varphi(x_1, \cdots, x_n, x_{n+1}, \bar{a}).$$

又设 $\bar{c} = (c_1, \cdots, c_n)$ 在 $\mathcal{M}$ 中满足 $\psi(x_1, \cdots, x_n)$，即

$$\mathcal{M} \vDash \exists x_{n+1} \varphi(c_1, \cdots, c_n, x_{n+1}, \bar{a}).$$

再设对于 $\varphi(\bar{c}, x_{n+1}, \bar{a}), \theta(\bar{c}, x_{n+1})$ 是完备的，即

$$\mathcal{M} \vDash \forall x_{n+1}(\theta(\bar{c}, x) \to \varphi(\bar{c}, x_{n+1}, \bar{a})).$$

这样，对于 $\varphi(x_1, \cdots, x_n, x_{n+1}, \bar{a}), \psi(x_1, \cdots, x_n) \wedge \theta(x_1, \cdots, x_n, x_{n+1})$ 就是它的完备公式. 这就证明了对任意的 $n \in \omega$，$S_n(A)$ 的孤立型是稠密的.

这样根据引理 7.3.2，T 有素模型. ∎

在第三章, 我们曾经指出, 任何实域 F 均有一个在同构意义上的实闭包 R, 并证明了 R 就是 F 的理论的唯一的素模型.

关于强 o-极小理论的素模型的唯一性, 证明比较复杂, 但我们准备在本节中完成它. 证明的主要思路如下: 先引出可构成模型的概念, 然后证明对于强 o-极小而言, 可构成模型即是素模型, 而构成模型是唯一的, 从而素模型的唯一性得证.

定义 7.3.4 假定 $A \subseteq B \subseteq M$.

1) 称 B 是在 A 上原子的, 假如对一切 $\bar{b} \in B$, $\operatorname{tp}(\bar{b}/A)$ 为 A 上的孤立性. 如果 $A = \varnothing$, 则称 B 为原子的. 如果原子的 M 是某理论 T 的模型, 则 M 称作在 A 上的 T 的原子模型.

2) 称 B 是在 A 上可构成的, 假如 $B \backslash A = \{b_i : i \in \omega\}$, 且对于一切 i, $\operatorname{tp}(b_i/A \cup \{b_j : j < i\})$ 是一个孤立型. 类似地, $\mathcal{M}$ 为 A 上的可构成模型, 如果 M 为 A 上的可构成集.

在任何一本模型论的教材都可找到下面的引理 (比如参考文献 [Ba] 中的 189-191 页, 或者 [Mk2] 中的 237 页).

引理 7.3.5 设 T 是完全理论, $A \subseteq M$, $\mathcal{M} \models T$, 那么

1) 如果模型 $\mathcal{M}$ 是在 A 上可构成的, 则也是在 A 上素的;
2) 任何两个 A 上可构成模型是同构的.

Shelah 的研究指出, 如果 T 是 ω-稳定的理论, 则素模型也是可构成模型, 就是说上述引理的逆也正确. 于是对于 ω-稳定的理论来说, 素模型和可构成模型这两个概念是一致的.

下面我们要证明对于强 o-极小理论, 上述引理 1) 的逆也是正确的, 从而素模型和可构成模型这两个概念也是一致的. 从这里可以看出 ω-稳定的理论和强 o-极小理论在这一点上是相似的.

为了证明上述引理的 1) 的逆也正确, 需要一系列的引理, 回忆所谓代数型是指 $\operatorname{tp}(a/B)$, 这里 $a \in \operatorname{cl}(B)$.

引理 7.3.6 设 T 是强 o-极小理论, $A \subseteq M$, $a, b \in \operatorname{cl}(A)$.

§7.3 强 o-极小理论素模型的存在和唯一性

1) 假设公式 "$a < x < b$" 孤立了一个在 A 上的非代数 (完全) 型, 则 $I = \{c \in M : a < c < b\}$ 或者是无端点离散线性序或者是无端点稠密线性序.

2) 假设 I 如上述定义, I' 为 M 中任意另外的开区间, 它的每一个元素都满足同一个非代数的在 A 上的孤立型. 假如对某个 $b \in I$, $\text{cl}_A(b) \cap I' \neq \varnothing$, 则存在一个单调双射 $g : I \to I'$ 可在 A 上定义. 而且任意可定义在 A 上的映射 $f : I \to I'$ 都是一个单调递增的双射.

3) 假设 I 和 $f : I \to I'$ 如 2), $X \subseteq I$ 是在 A 上原子的和代数独立的, 则 $f(X) = \{f(x) : x \in X\}$ 是原子的且是 I' 的代数独立子集, 而且假如 A 是极大的, 则 $f(X)$ 也是极大的.

4) 设 I 和 I' 定义如上, $\{b_1, \cdots, b_n, b_{n+1}\}$ 为原子和代数独立的 I 的子集, $\text{cl}_A(\{b_1, \cdots, b_n\}) \cap I' \neq \varnothing$, 但是 $\text{cl}_A(\{b_1, \cdots, b_n, b_{n+1}\}) \cap I' \neq \varnothing$, 那么存在 $J \subseteq I$ 满足 $b_{i+1} \in J$ 且每一个 J 的元素都满足 $A \cup \{b_1, \cdots, b_n\}$ 上同样的孤立型, 而单调双射 $g : J \to I'$ 可定义在 $A \cup \{b_1, \cdots, b_n\}$.

证明 1) 因为 $a, b \in \text{cl}(A)$, 所以在 A 上可定义. 现设 I 不是离散的, 那么存在某个 $a \in I$ 在 I 中没有紧跟的后继, 这样 a 也不能有紧接的前者, 因为 a 的紧接前者 b 必须也和 a 一样满足同样的型, 这样就不能有紧跟的后继. 由于 I 的每一个元素和 a 一样, 满足在 A 上的同样的型, 所以没有 I 的元素可以有一个紧跟的后继或紧接的前者. 这样 I 必为无终端的稠密线性的.

2) 回忆一个公式 $\varphi(x, b)$ 称作是模型 $\mathcal{M}$ 中 A 上的代数公式 $(b \in A)$ 如果它在 $\mathcal{M}$ 中有且只有有穷多个解. 现在假定 $\varphi(x, \bar{b})$ 为 A 上的代数公式, 满足对某个 $c \in I'$, $\mathcal{M} \vDash \varphi(c, b)$. 而 b 的闭包就是它的可定义闭包, 即 $\text{cl}_A(b) = \text{dcl}_A(b)$ ($\text{dcl}(A) = \{a \in M : a$ 是在 A 上可定义的 $\}$, $\text{dcl}_A(B) = \{a \in M : a$ 是在 $A \cup B$ 中可定义的$\}$), 所以可以假设 $\mathcal{M} \vDash (\exists ! x)\varphi(x, b) \wedge x \in I'$.

由于上述公式含有 A 的参数, 所以对于任意的 $b' \in I$, 有

$$\mathcal{M} \vDash (\exists ! x)\varphi(x, b') \wedge x \in I'.$$

设 $f : I \to I'$ 是在 A 上的由 $f(b) = c \Leftrightarrow \mathcal{M} \vDash \varphi(c, b)$ 定义的. 由定理 7.2.10 可知 f 必定是分段单调或为常数. 但是, f 不可改变它的特征, 否则在改变后边界点可能变为 I 的内点, 它是在 A 上定义的. 这样 f 必是单调的或为常数. 假如 f 是常数, 那么 f 的值域就是 I' 中在 A 上定义的点. 因此 f 必是单调的. 最后由于 f 的值域可在 A 上定义, 因此必是 I' 的全部. 这样 f 就是一个单调双射.

最后, 还要证明 $g: I \to I'$ 必为单调递增的双射. 因为如果 f 递减, 那么 $D^+ = \{b \in I : f(b) \geqslant b\}$ 和 $D^- = \{b \in I : f(b) < b\}$ 都是 I 的在 A 上定义的非空子集. 这样就产生了一个 I 中的边界点, 这也是可在 A 可定义的, 矛盾.

3) 利用 2), 留作练习.

4) 因为 $\mathrm{cl}_A(\{b_1, \cdots, b_n\}) \cap I' = \varnothing$, 因而 I' 中的每一个元素都满足在 $A \cup \{b_1, \cdots, b_n\}$ 上的非代数孤立型, 而且因为 $\{b_1, \cdots, b_n, b_{n+1}\}$ 是原子的和在 A 上独立的, 所以存在开区间 $J \subseteq I$ 使得 $b_{n+1} \in J$, 而 J 的每一个元素都满足 $A \cup \{b_1, \cdots, b_n\}$ 上的同样的非代数孤立型, 应用 2) 到 J 和 I', 证明即完成. ∎

引理 7.3.7 (Harrington)　设 T 为完全理论, A 为它的一个模型的任意子集, 假定 A 上的公式均由一个 A 上的完备公式推出. 那么, 假如 $B \subseteq C \subseteq D$ 均为 T 的一个模型的子模型, D 是 B 上原子的, 对任何 B 上的型, 知它的 D 的元素或者全在或者都不在 C 中, 从而 D 是在 C 上原子的.

证明　略.

引理 7.3.8　设 $A \subseteq M, \mathcal{M} \vDash T, T$ 是强 o-极小的, $a, b \in \mathrm{cl}(A)$, 公式 $a < x < b$ 孤立了一个 A 上的非代数完全型. 假定 $X \subseteq I = (a, b)$, 而且假如 I 是稠密的, 则 $\mathrm{cl}_A(X)$ 稠密. 假如 I 是离散的, 则 $\mathrm{cl}_A(X)$ 离散. 那么, 假如 $\mathcal{M}$ 是在 $\mathrm{cl}_A(X)$ 上原子的, 则 $(a, b) \subseteq \mathrm{cl}_A(X)$.

证明　设 $c \in (a, b)$, 则 c 满足 $\mathrm{cl}_A(X)$ 上的一个原子型. 假如这个型是代数的, 则显然 $c \in \mathrm{cl}_A(X)$. 另一方面, 由假设, c 满足的在 $\mathrm{cl}_A(X)$ 上的型是非代数的. 这样就有下形: $e_1 < x < e_2, e_1, e_2 \in \mathrm{cl}_A(X)$. 这就引出了一个矛盾, 因为由假设, (e_1, e_2) 或者是稠密的或者是离散的 (但为无穷), 这就蕴涵了 $(e_1, e_2) \cap \mathrm{cl}_A(X) \neq \varnothing$. 但这样一来, $e_1 < x < e_2$ 不能孤立一个在 $\mathrm{cl}_A(X)$ 上的完全型, 与假设矛盾. ∎

引理 7.3.9　设 $A \subseteq N, \mathcal{N} \vDash T, T$ 为强 o-极小理论, $a, b \in \mathrm{cl}(A)$ 使得公式 $a < x < b$ 孤立了一个在 A 上的完全型. 那么, 存在模型 $\mathcal{M} \vDash T$ 满足 $A \subseteq M$ 而且 $\dim_A(\{c \in M : a < c < b\}) \leqslant \aleph_0$.

证明　略.

现在我们可以证明引理 7.3.5 的第一项的逆.

引理 7.3.10　设 $\mathcal{M}$ 是强 o-极小理论 T 的在 $A \subseteq M$ 上的素模型, 则 $\mathcal{M}$ 是

§7.3 强 o-极小理论素模型的存在和唯一性

在 A 上可构成的.

证明 设 $\mathcal{M} \models T$ 是在 A 上的素模型. $\langle I_\alpha : \alpha < \lambda \rangle$ 枚举了 $\mathcal{M}$ 的所有的开区间: 在这些开区间内的所有元素都满足同样的在 A 上的非代数的孤立型. 注意 $\mathcal{M} \models \text{cl}(A) \cup \bigcup_{\alpha < \lambda} I_\alpha$, 任何这样的 I_α 是由 $\mathcal{M}$ 中满足公式 $a_\alpha < x < b_\alpha$ 的元素集组成, 这里 $a_\alpha, b_\alpha \in \text{cl}(A)$. 由引理 7.3.9, 存在包含 A 的模型 N_α, $\dim_A(\{c \in N_\alpha : N_\alpha \models a_\alpha < c < b_\alpha\}) \leq \aleph_0$.

因为 $\mathcal{M}$ 是 A 上的素模型, 故可将 $\mathcal{M}$ 初等嵌入 N_α 而保持 A 不变. 由此可知 $\dim_A(I_\alpha) \leq \aleph_0$. 对于每一个 $\alpha < \lambda$, 固定 I_α 的极大代数独立子集 (从而也是 I_α 的原子子集) 的枚举 $C_\alpha = \langle C_n^\alpha : n \in \omega \rangle$.

现在证明 $\mathcal{M}$ 是可构成的. $\langle D_\alpha : \alpha < \lambda \rangle$ 枚举 $M \backslash A$, 它是 M 的元素序列的递归定义的序列. 而且对于一切 $\alpha < \lambda$, 我们要证明

1) $I_\alpha \subseteq \bigcup_{\beta \leq \alpha} D_\beta$;

2) $\left(\bigcup_{\beta \leq \alpha} D_\beta\right) \cup A$ 是代数的, 而且是可定义闭的;

3) 对于每一个 $\gamma < \lambda$, 假如 $I_\gamma \not\subseteq \bigcup_{\beta \leq \alpha} D_\beta$, 则 $I_\gamma \cap \bigcup_{\beta \leq \alpha} D_\beta = \varnothing$.

现在用超穷归纳构造 $\langle D_\alpha : \alpha < \lambda \rangle$.

构造 D_0. 设 $\text{cl}(A) \backslash A = \text{dcl}(A) \backslash A$ 被枚举为 $F_0 = \langle f_\gamma : \gamma < \beta_0 \rangle$. 显然 F_0 形成在 A 上可构成集. 注意到对一切 $\alpha < \lambda$, $F_0 \cap I_\alpha = \varnothing$. 这样一来, 任意给定的 I_α 的每一个元素都满足 $A \cup F_0$ 上的同样的孤立型. 因为 $\mathcal{M}$ 是在 A 上素的, 所以是 A 上原子的, 从而是 $A \cup F_0$ 上原子的. 所以, 由于 $C_0 = \langle c_n^0 : n \in \omega \rangle$ 的序型为 ω. 由于任何有 ω 序型的集合都是可构成集 (习题), 所以 C_0 在 $A \cup F_0$ 上是可构成的.

其次, 设 $E_0 = \langle e_\beta^0 : \beta < \delta_0 \rangle$ 枚举 $\text{cl}_A(F_0 \cup C_0) \backslash A \cup F_0 \cup C_0$. 显然, E_0 在 $A \cup F_0 \cup C_0$ 上可构成. 再设 $D_0 = F_0 C_0 E_0$. 首先注意到由于 C_0 的最大性, $I_0 \subseteq D_0$. 另外 $D_0 \cup A$ 是代数闭的. 最后由引理 7.3.6 的 3) 和 4), 对于任意的 $\gamma < \lambda$, 假如 $I_\gamma \not\subseteq D_0$, 则 $I_\gamma \cap D_0 = \varnothing$. 因此对于 $\alpha = 0$, 1)~3) 成立.

假设 1)~3), 对于 $\beta < \alpha$ 已经成立, 需构成 D_α. 注意到 $\bigcup_{\beta < \alpha} D_\beta \cup A$ 是代数的

闭的, 所以对每一个 $\gamma < \lambda$, 如果 $I_\gamma \not\subseteq \bigcup_{\beta<\alpha} D_\beta$, 则由 3), $I_\gamma \cap \bigcup_{\beta<\alpha} D_\beta = \varnothing$. 于是对每一个 $\gamma < \lambda$, 或者 $I_\gamma \subseteq \bigcup_{\beta<\alpha} D_\beta$ 或者 $I_\gamma \cap \bigcup_{\beta<\alpha} D_\beta = \varnothing$. 在后者的情形下, I_γ 的每一个成员满足 $A \cup \bigcup_{\beta<\alpha} D_\beta$ 上同样的非代数孤立型 (注意 I_γ 的端点在 $\mathrm{cl}(A)$ 中). 由这一事实, 只需证明 $A \subseteq A \cup \bigcup_{\beta<\alpha} D_\beta \subseteq \mathcal{M}$ 满足引理 7.3.7 的假设即可. 因此 $\mathcal{M}$ 是 $A \cup \bigcup_{\beta<\alpha} D_\beta$ 上原子的. 假如 $I_\alpha \subseteq \bigcup_{\beta<\alpha} D_\beta$, 则设 $D_\alpha = <\cdot>$. 在这种情形下, 1)~3) 简单地继续成立.

假设 $I_\alpha \cap \bigcup_{\beta<\alpha} D_\beta = \varnothing$. 由于 $C_\alpha = \langle c_n^\alpha : n \in \omega \rangle$ 有序型 ω, 如前所述, 它是在 $A \cup \bigcup_{\beta<\alpha} D_\beta = \varnothing$ 上可构成的.

其次, 设 $E_\alpha = \langle e_\beta^\alpha : \beta < \delta_\alpha \rangle$ 枚举 $\mathrm{cl}_A \left(\bigcup_{\beta<\alpha} D_\beta \cup C_\alpha \right)$, E_α 在 $A \cup \bigcup_{\beta<\alpha} D_\beta$ 上构造了一个可构成集. 再设 $D_\alpha = C_\alpha E_\alpha$. 由于 C_α 是 I_α 在 A 上的最大独立集, 我们有 $I_\alpha \subseteq \bigcup_{\beta<\alpha} D_\beta$, 从而 1) 被满足. 2) 亦自动满足. 而 3) 可由引理 7.3.6 的 3) 和 4) 推得.

这样就完成了 $\langle D_\alpha : \alpha < \lambda \rangle$ 的构造, 这显然是 $\mathcal{M}$ 在 A 上的构造. 因此本引理证毕. ∎

习 题 七

1. 证明例子 7.1.2 中举出的结构都是 o-极小的结构. 比如在语言 $\mathcal{L} = \{<\}$ 中有或没有端点的离散集的线性序结构, 比如 $(\mathbb{Z}, <)$ 是 o-极小的.

2. 证明推论 7.2.9, 即假如 X 为 o-极小的, 则 (X, cl) 为一准几何.

3. 证明 7.3.6 的 3).

4. 任何有 ω 序型的集合都是可构成集.

5. 证明 $(\mathbb{Q}, <, P)$ 不是 o-极小的结构, 这里 $p = \left\{ \dfrac{1}{n} : n \in \omega \right\}$.

第八章 偏序结构

在第七章我们讨论了线性序结构的模型论, 特别是引入了在线性序结构 $(M, \leqslant)$ 上的 o-极小性的定义, 也探讨了 o-极小性的一些基本特征和性质. 作为一个很自然的延伸, 就是偏序结构上的模型论问题. C. Toffalori, R. Wencel 和 L. Newelski[T,NW,We1,We2] 等引入了在偏序结构上的 o-极小性, 并证明了 Boole 代数这个偏序结构是 o-极小的充分必要条件, 也讨论了它们的模型论方面的问题. 作者和北京师范大学沈复兴教授、陈磊教授及博士研究生傅莺莺等研究了树 (tree) 等偏序结构的模型论问题, 最近也和陈磊教授、新加坡南洋理工大学吴国华教授完成了 Stone 代数的可定义集的一篇文章[SCW]. 本章的内容即是由上述论文的部分结果组成. 在讲述这些结果之前, 在本章第一节扼要地复习一下偏序结构.

§8.1 偏序结构

一个偏序结构就是一个非空集 M 和定义在 M 上的一个二元关系 $\leqslant$, 这个关系满足以下公理:

A1 自反律 (reflexive law): $(\forall x \in M)[x \leqslant x]$.

A2 反对称律 (antisymmetric law): $(\forall x, y \in M)[x \leqslant y \wedge y \leqslant x \to x = y]$.

A3 传递律 (transitive law): $(\forall x, y, z \in M)[x \leqslant y \wedge y \leqslant z \to x \leqslant z]$.

因此关系 "$\leqslant$" 就是所谓偏序关系 (partial order relation), 而 $(M, \leqslant)$ 就是一个偏序结构. 如果再增加下面一条公理, 那么 $(M, \leqslant)$ 就是一个线性结构, 或称全序结构 (totally ordered structure).

B $(\forall x, y \in M)[x \leqslant y \vee y \leqslant x]$.

假如 $A \subseteq M$ 为非空集, 那么它在 M 中的下界 (lower bound) 就是 $D = \{x \in M | \forall a \in A(x \leqslant a)\}$. 显然 D 不一定只有一个元素, 所以它也是 M 的一个子集. 如果 D 不含任何元素, 那么 A 在 M 中就没有下界.

假定 A 在 M 中就有下界 D, 而 D 中的最大元 d_0(largest element) 就是满足

$\forall d \in D(d \leqslant d_0)$ 的 D 中的元素. 注意 D 中不一定存在最大元. 本章中我们要假定偏序集 $(M, \leqslant)$ 的任意子集 A 的有下界且都有最大元 a_0, 称它为 A 的下确界 (infimum) 或最大下界 (greatest lower bound), 记作

$$a_0 = \text{Inf } A.$$

注意, 如果 M 的子集 A 有下确界, 它一定是唯一的, 读者可自证之 (本章习题 2). 这样我们就可以在 M 上定义一个二元函数 $\wedge$ 如下: 对于一切 $x, y \in M$,

$$x \wedge y = \text{Inf}\{x, y\},$$

称作 x 和 y 的交 (meet). 二元函数 $\wedge$ 也称作交运算.

类似地, 我们可定义 $A \subseteq M$ 的上界 (upper bound) 和上确界 (supremum) 或最小上界 (least upper bound), 记作 Sup A, 如果它存在, 也一定是唯一的. 这样在 M 上可定义另一个二元函数 $\vee$: 对一切 $x, y \in M$,

$$x \vee y = \text{Sup}\{x, y\},$$

称作 x 和 y 的并 (joint). 同样, 二元函数 $\vee$ 也称作并运算.

如果约定对于 M 的任意二元素 x, y, $\text{Inf}\{x, y\}$ 和 $\text{Sup}\{x, y\}$ 都存在, 那就是增加以下公理:

A4 对于任意两元素 $x, y \in M$, $x \wedge y$ 可定义.

A5 对于任意两元素 $x, y \in M$, $x \vee y$ 可定义.

我们要引出本章的第一个定义.

定义 8.1.1 偏序集 $(M, \leqslant)$ 称作交半格 (下半格), 如果公理 A4 满足; 偏序集 $(M, \leqslant)$ 称作并半格 (上半格), 如果公理 A5 满足; 如果公理 4 和 5 都满足, 则称 $(M, \leqslant)$ 为格.

注意到如果公理 A4 满足, 则 M 有最小元, 可记作 0_M, 亦即 $0_M = \text{Inf } M$. 或者简写作 0, 如果不致混淆的话. 类似地, 如果 A5 满足的话, M 有最大元, 可记作 1_M, 即 $1_M = \text{Sup } M$. 同样可简记作 1, 如果不致混淆的话. 这样, 一个交半格可记作 $(M, \leqslant, \wedge, 0_M)$, 并半格可记作 $(M, \leqslant, \vee, 1_M)$, 而一个格就可以记作 $(M, \leqslant, \wedge, \vee, 0_M, 1_M)$.

引理 8.1.2 交运算和并运算满足以下性质:

1) 幂等律: $x \wedge x = x, x \vee x = x$.
2) 交换率: $x \wedge y = y \wedge x, x \vee y = y \vee x$.
3) 结合律: $(x \wedge y) \wedge z = x \wedge (y \wedge z), (x \vee y) \vee z = x \vee (y \vee z)$.
4) $x \wedge 0 = 0, x \vee 1 = 1$.

证明 作为习题留给读者.

我们也可以从运算 $\wedge$ 和 $\vee$ 出发, 然后用它们定义偏序关系 $\leqslant$. 比如首先假定 "$\wedge$" 是一个二元函数, 它满足幂等律、交换律、结合律, 以及有 $\exists x \forall y (x \wedge y = x)$. 记这样的 x 为 0.

然后定义二元关系 $\leqslant$:

$$x \leqslant y \text{ 当且仅当 } x \wedge y = x.$$

可以证明这样定义的二元关系为一偏序关系, 亦即它满足自反律、反对称律和传递律. 同样, 也可以先定义二元函数 $\vee$. 再引入二元关系 $\leqslant$. 这样我们可以把偏序结构的语言定为 $(\leqslant, \vee, \wedge, 0, 1)$.

§8.2 树 结 构

在本节中要研究一种常见的偏序结构: 有穷分叉的无穷树.

定义 8.2.1 有穷分叉树是一个交半格, 它的理论是由 §8.1 公理 A1~ 公理 A4 和以下公理 T1 和公理 T2 组成.

T1. 对一切 x, $\{y | y < x\}$ 为一有穷线性集.

T2. 对于一切 x, 存在有穷集 $\{y_1, \cdots, y_m\}$(可以是空集), 它的每两个元素 y_i, y_j 都满足: 如果 $i \neq j$, 则 $y_i \not\leqslant y_j, y_j \not\leqslant y_i$(这时我们称 y_i 和 y_j 是不可比较的. 直观上说, y_i 和 y_j 是 x 的两个分叉), 而且对一切 $y_i, x < y_i$(即 $x \leqslant y_i \wedge x \neq y_i$), 如果 $x < z$, 则存在 $y_i (1 \leqslant i \leqslant m), y_i \leqslant z$. 这些 $y_1, \cdots, y_m$ 称作 x 紧随元 (immediate successor).

凡满足公理 A1~ 公理 A4 以及公理 T1、公理 T2 的结构 $(T, \leqslant, \wedge, 0)$ 就是一个根为 0 的有穷分叉树. 本节所要讨论的有穷分叉树为无穷树.

一个树 T 的路径 (path) 就是一个函数 $f: \omega \to T$, 它满足对于一切 $n \in \omega, f(n) < f(n+1)$. 注意这样定义的路径是一条无穷的线性集.

有穷分叉的无穷树有一个著名的引理, 它给出了路径的存在性.

引理 8.2.2 (König 引理) 如果 T 是一个有穷分叉的无穷树, 则 T 有一条无穷的路径.

证明 假定 $x \in T$. 设 $S(x) = \{y : y \geqslant x\}$. 归纳定义 $f(n)$, 它满足对一切 n, $S(f(n))$ 为无穷集.

设 r 为 T 的最小元. 由于 T 是无穷树, 所以 $S(r)$ 为无穷集. 设 $f(0) = r$. 假定 $f(n)$ 已定义, $S(f(n))$ 无穷. 设 $\{y_1, \cdots, y_m\}$ 为 $f(n)$ 的紧随元的集合. 这样, $S(f(n)) = \{f(n)\} \cup S(y_1) \cup \cdots \cup S(y_m)$. 由于 $S(f(n))$ 无穷, 所以至少有一个 y_i 使得 $S(y_i)$ 无穷. 定义 $f(n+1) = y_i$.

定义 8.2.3 有穷完全分叉无穷树是指在公理 T2 中, 对于一切 x, 其紧随元的集合 $\{y_1, \cdots, y_m\}$ 至少有两个元素. 这样有穷完全分叉无穷树的理论就是有穷分叉无穷树的理论. 再加以下公理:

T3. 对一切 x, 其紧随集 $\{y_1, \cdots, y_m\}$ 的基数 $\geqslant 2$.

命题 8.2.4 假定 T 是一个有穷完全分叉无穷树. 对于任意的 $a \in T$, 存在可数多条经过 a 的由 0 开始的路径.

证明 留作习题.

§8.3 Boole 代数和 o-极小性

在 §8.1 中介绍了格这一数学结构和它的理论. 在本节要讨论一个特别的格, 就是 Boole 代数 (Boolean algebra). 它在数学中是一个常见的数学结构.

在一个格 L 中, $x \in L$, 存在另一元素 $y \in L$ 使得 $x \wedge y = 0$ 且 $x \vee y = 1$, 则称 x 是有补的 (complemented), 这样的 y 也就是 x 的补元 (complemented element), 记作 x'. 如果一切 $x \in L$ 都有唯一的补元, 则称 L 是一个有补格 (complemented lattice). Boole 代数就是一个满足分配律的补格, 它的语言中应包括补运算符 $'$, 它

§8.3 Boole 代数和 o-极小性

实际上是一个一元函数符. 这样它的语言 $\mathcal{L} = \{\wedge, \vee, ', 0, 1\}$. Boole 代数的理论包含以下公理:

A 格的公理集.

B1 $\forall x \exists x'(x \wedge x' = 0 \wedge x \vee x' = 1)$.

B2 $(x \wedge y) \vee z = (x \vee z) \wedge (y \vee z)$, $(x \vee y) \wedge z = (x \wedge z) \vee (y \wedge z)$.

如果 L 是 Boole 代数, 存在 L 的元素 x 满足 $0 < x \wedge \forall y \in L(y \nleqslant x)$. 这样的元素称作 L 的原子 (atom).

回忆在第七章中我们讨论的线性序的 o-极小性. 一个线性序的每一个可定义集都可表示为区间和点的有穷并, 那么这个线性序就是 o-极小的. 在第七章中也给出了不是 o-极小的线性序的例子. 而对于偏序结构, Toffalori 首先给出了偏序结构是 o-极小的定义[T].

定义 8.3.1 假定 $\mathcal{M} = (M, \leqslant, \cdots)$ 是一个偏序结构, $A \subseteq M$, M 的 A-可定义子集等价到由公式 $a \leqslant x$ 和 $x \leqslant b$ 定义的集合的有穷 Boole 组合, 则称 $\mathcal{M}$ 是 o-极小的, 这里 $a, b \in \operatorname{acl}(A)$.

下面是本节的主要定理.

定理 8.3.2 假设 $\mathcal{A} = (A, \wedge, \vee, ', 0, 1, \leqslant)$ 是仅包含有穷多个原子的无穷 Boole 代数, 那么 $\mathcal{A}$ 是 o-极小的结构.

证明 假定 $\operatorname{At}(\mathcal{A})$ 为 $\mathcal{A}$ 的原子集. 根据假设, $\operatorname{At}(\mathcal{A})$ 有穷, 比如 $\operatorname{At}(\mathcal{A}) = \{x_0, \cdots, x_m\}$, $x_0 \neq \cdots \neq x_m$. 设 $x = \bigvee_{j \leqslant m} x_j$. 注意到每一个 $\mathcal{A}$ 中的元素都可唯一地分解为 $(a \wedge x) \vee (a \wedge x')$, 这里 $a \wedge x$ 或者是极小元 0 或者是某元素 $c \neq 0, c \leqslant a \wedge x$, 其中 c 包含某些原子而 $a \wedge x'$ 则不含任何原子. 事实上, $a \wedge x = a \wedge \left(\bigvee_i x_i\right) = \bigvee_i (a \wedge x_i)$. 其中至少有一个 $0 \leqslant i \leqslant m$ 满足 $a \wedge x \neq 0$, 因为 $c \neq 0$, 而 $a \wedge x' = a \wedge (\vee x_i)' = \vee (a \wedge x_i)' = a \wedge x'_0 \wedge \cdots \wedge x'_m$. 这样 $\mathcal{A}$ 就是一个可分 Boole 代数 (separable Boolean algebra). 定理 1.5.9 指出: 可分 Boole 代数在语言 $\mathcal{L} = \mathcal{L}_0 \cup \{R, R_n : n \geqslant 1\}$ 中是量词可消去的[KK], 这里 $\mathcal{L}_0$ 是可分 Boole 代数的语言, R 和 R_n 为一元关系, 它们的定义如下: 对于任意的 Boole 代数 A 中的元素 b,

1) $b \in R \Leftrightarrow$ 对于一切满足 $0 < c \leqslant b$ 的 $c \in A$, 有 A 中的某个原子 d 使得 $d \leqslant b$. 这就是说, 如果 $b \in A$ 但不是 0 元素, 则或者 b 为原子或者至少有一个原子在 b 以下.

2) $b \in R_n \Leftrightarrow$ 至少有 n 个原子在 b 以下.

注意 R 和 R_n 都是在 $\mathcal{L}_0$ 中 $\varnothing$-可定义的. 现在回到我们的 Boole 代数 $\mathcal{A}$. 设 $\varphi(v, \bar{y})$ 为带有 A 中参数的 $\mathcal{L}_0$-公式. 因此 $\varphi(v, \bar{y})$ 在 $\mathcal{A}$ 的理论中为 $\mathcal{L}_1$-等价到某个适当的以下公式的 Boole 组合:

$$p(v, \bar{y}) \leqslant q(v, \bar{y}), \quad R(p(v, \bar{y})), \quad R_n(p(v, \bar{y})),$$

这里 $p(v, \bar{y})$ 和 $q(v, \bar{y})$ 为含 $v, \bar{y}$ 的 Boole 多项式 (即 $\mathcal{L}_1$-项). 注意到在 $\mathcal{A}$ 的理论中,

1) $p(v, \bar{y}) \leqslant q(v, \bar{y})$ 等价于 $p(v, \bar{y}) \wedge q(v, \bar{y})' = 0$;
2) $R(p(v, \bar{y}))$ 等价于 $p(v, \bar{y}) \wedge x' = 0$;
3) 当 $n \leqslant m + 1$ 时, $R_n(p(v, \bar{y}))$ 等价于

$$\bigvee_{0 \leqslant i_1 < \cdots < i_n \leqslant m} \bigwedge_{1 \leqslant j \leqslant n} ((p(v, \bar{y}))' \wedge x_{i_j} = 0).$$

而当 $n \not\leqslant m + 1$ 时, 它等价于 $v \vee 1 = 0$, 但事实上这不可能.

以上 1), 2) 和 3) 容易用 Boole 代数的基本性质以及 R 和 R_n 的定义得到. 这样, $\varphi(v, \bar{y})$ 在 $\mathcal{A}$ 的理论中等价到下列公式的 Boole 组合

$$r(v, \bar{y}, \bar{x}) = 0,$$

这里 r 是含变元 $v, \bar{y}$ 和 $\bar{x}$ 的 Boole 多项式, 而 $\bar{x} = (x_0, \cdots, x_m)$ 在 $\mathrm{acl}(\varnothing)$ 中, 因为 $\mathrm{At}(\mathcal{A})$ 是 $\varnothing$-可定义的和有穷的. 因此 $\bar{y}, \bar{x}$ 在 $\mathrm{acl}(\bar{y})$ 中. 我们可以假定 $r(v, \bar{y}, \bar{x})$ 是 $v, \bar{y}, \bar{x}$ 和它们的补构成的有穷交的有穷并. 这样 $r(v, \bar{y}, \bar{x}) = 0$ 蕴涵它的每一个有穷交都是 0. 但是在 $\mathcal{A}$ 的理论中, 对于给定的 $a \in A$,

1) $v \wedge a = 0$ 等价于 $v \leqslant a'$;
2) $v' \wedge a = 0$ 等价于 $v \geqslant a$;
3) $v \wedge v' \wedge a = 0$ 永真.

所以, $\varphi(v, \bar{y})$ 在 $\mathcal{A}$ 的理论中等价到公式 $a \leqslant v, v \leqslant b$ 的有穷 Boole 组合, 这里 $a, b \in \mathrm{acl}(\bar{y})$. 因此 $\mathcal{A}$ 是 o-极小的. ∎

§8.4 Stone 代数的可定义集

在本节中要讨论另一种偏序结构 Stone 代数, 它和前面一节 Boole 代数也很有关联. 先介绍有关 Stone 代数的一些基本知识.

假定 L 是在语言 $\mathcal{L} = \{\wedge, \vee, \leqslant, 0, 1\}$ 中的一个格. 对于任意的 $x \in L$, 定义

$$x^* = \max\{y \in L | x \wedge y = 0\}.$$

对于任意的 $x \in L$, 如果这样的 x^* 存在, 那么就称 x 是伪补的 (pseudocomplemented), x^* 称作 x 的伪补元. 如果 L 的每一个元素 x 都是伪补的, 则称 L 是一个伪补格 (pseudo complemented lattice).

Stone 代数是一个满足分配律和下述公理的伪补格:

S1 $x^* \vee x^{**} = 1.$

例 8.4.1 1) 每一个 Boole 代数都是一个 Stone 代数, 但反之不然.

2) 每一个有界的链都是一个 Stone 代数. 假定它的下界为 0, 上界为 1, 那么除 $x = 0$ 外, $x^* = 0$, $x^{**} = 1$. 这样它满足 $x^* \vee x^{**} = 1$. 显然它也满足分配律.

3) 假定 $S_1, S_2, \cdots, S_n$ 是有界链. 如果定义 $(x_1, x_2, \cdots, x_n)^* = (x_1^*, x_2^*, \cdots, x_n^*)$, 那么卡氏积 $S_1 \times S_2 \times \cdots \times S_n$ 就是一个 Stone 代数, 它的最小元和最大元分别为 $(0, 0, \cdots, 0)$ 和 $(1, 1, \cdots, 1)$, 而 $(x_1, x_2, \cdots, x_n) \leqslant (y_1, y_2, \cdots, y_n)$ 为字典顺序.

下面的引理的证明是一个容易的习题, 留给读者.

引理 8.4.2 假定 S 是一个 Stone 代数. 那么对于一切 $x, y \in S$, 下面的性质成立:

1) $x \leqslant x^{**}$, $x \leqslant y \Rightarrow y^* \leqslant x^*$, $x = y \Rightarrow x^{**} = y^{**}$;
2) $(x \vee y)^* = x^* \wedge y^*$, $(x \wedge y)^* = x^* \vee y^*$;
3) $0^* = 1, 1^* = 0.$

定义 8.4.3 假定 S 是一个 Stone 代数. $\mathrm{Sk}(S) = \{x^{**} | x \in S\}$ 称作 S 的骨架 (skeleton), $D(S) = \{x \in S | x^* = 0\}$ 称作 S 的稠密集 (dense set).

容易证实以下有用事实.

命题 8.4.4　1) $\operatorname{Sk}(S) = \{x^* | x \in S\}$.
2) 对于一切 $x \in S$, $x \vee x^* \in D(S)$.

下面用 x_S 表示 $\operatorname{Sk}(S)$ 中的元素, x_D 表示 $D(S)$ 中的元素.

我们可以在 S 上定义一个等价关系 E: $(x,y) \in E \Leftrightarrow x^{**} = y^{**}$. 这样就可以定义从 S 的每一个元素到它的等价类的一个同态 $\theta : x \to [x]_E$. 因此 S 的骨架 $\operatorname{Sk}(S)$ 是 S 的一个初等子模型.

下面用 STA 表示 Stone 代数 S 的完全理论 $\operatorname{Th}(S)$. 回忆在上一节中定义的偏序结构的 o-极小性, 并考察 Stone 代数是否是 o-极小的结构.

事实 8.4.5　STA 不是强极小的, 也不是 o-极小的.

P. Schmit 首先引出的理论 STA*. STA* 是理论 STA 再加上以下四条公理:

D1　$\forall y_D \forall z_D \exists x_S (y_D \vee z_D = 1 \to x_S \leqslant y_D \wedge x_S^* \leqslant z_D)$.
D2　$\forall x_S \forall y_D \exists z_D (x_S \neq 1 \wedge x_S \leqslant y_D \to x_S \leqslant z_D < y_D)$.
D3　S 的骨架 $\operatorname{Sk}(S)$ 是无原子的.
D4　$D(S)$ 是相对补的稠密分配格, 最大元 1 在 $D(S)$ 内, 但最小元 0 不在其内.

对于理论 STA*, Schmitt 在文献 [Sch] 中提出了以下定理.

定理 8.4.6 (P. Schimitt)　1) STA* 是一个完全理论.
2) 理论 STA* 是理论 STA 的模型完全化.
3) STA* 是 $\aleph_0$-范畴的.
4) STA* 是结构完全的, 即对于 STA* 的两个模型 $\mathcal{M}, \mathcal{N}$, 如果 A 是 $\mathcal{M}$ 和 $\mathcal{N}$ 的公共子结构, 则 $(\mathcal{M}, a)_{a \in A} \equiv (\mathcal{N}, a)_{a \in A}$.

命题 8.4.7　STA* 是可判定理论.

证明　由定理 8.4.6 中的 1), STA* 是一个完全理论, 而 STA* 又是有穷可公理化的理论. ∎

注意到定理 8.4.6 中的 4) 是说, 如果 $\mathcal{M}, \mathcal{N} \models$ STA*, A 是 $\mathcal{M}, \mathcal{N}$ 的公共子结构, $\varphi(\bar{x}, y)$ 是无量词公式, $\bar{a} \in A$. 如果存在 $b \in M$ 满足 $\mathcal{M} \models \varphi(\bar{a}, b)$, 则存在 $c \in N$

§8.4 Stone 代数的可定义集

满足 $\mathcal{N} \vDash \varphi(\bar{a}, c)$. 这样根据 §1.6 中量词可消去的第一判别法, STA* 是量词可消去的理论.

下面当我们说到 Stone 代数时, 是指理论 STA* 的模型.

本节的主要任务是要讨论理论的 o-极小性. 在完成这个任务之前, 先给出一些定义.

定义 8.4.8 假定 $(M, \leqslant, \cdots)$ 是一个偏序结构.

1) 假如对于 $1 \leqslant i \leqslant n$, $x_{i-1} \leqslant x_i$, 或 $x_i \leqslant x_{i-1}$, 则称序列 $x_0 x_1 \cdots x_n$ 是 M 中的一条路径.

2) 如果对于 $A \subseteq M$ 中的任意的 x, y, 存在 $x_0 = x, x_1, \cdots, x_n = y$, 满足 $x_0 x_1 \cdots x_n$ 是 A 中的一条路径, 则称 A 是 M 中的连通集. 特别地, 如果对于一切 $x, y \in A$, 有 $x \wedge y \in A$ 或 $x \vee y \in A$, 则 A 是一连通集.

3) 如果 M 的每一个可定义集都是 M 中的连通集的有穷 Boole 组合, 那么就称 M 是伪 o-极小的结构. 如果理论 T 的每一个模型都是伪 o-极小的, 则称 $T = \text{Th}(\mathcal{M})$ 是强伪 o-极小的理论.

显然, 如果 $\mathcal{M}$ 是 o-极小的, 则 $\mathcal{M}$ 是伪 o-极小的, 反之不一定成立. 下面引出一些重要的引理.

引理 8.4.9 理论 STA* 的每一个原子公式都等价到形为 $\bigwedge_{j=1}^{m} t_j \leqslant \bigvee_{k=1}^{n} s_k$ 公式的交, 这里 t_j 和 s_k 是变元或常数. 不等式的左边 $\bigwedge_{j=1}^{m} t_j$ 是 $x \wedge a$, $x^* \wedge a$, $x^{**} \wedge a$, 或 a, 而右边 $\bigvee_{k=1}^{n} s_k$ 是 $x \vee b$, $x^* \vee b$, $x^{**} \vee b$, $x \vee x^* \vee b$ 或 b, 这里 a 和 b 不含变元.

证明 注意到以下事实就可证明本引理.

a) $x^{***} = x^*$;
b) $x \wedge x^* = 0$, $x^* \wedge x^{**} = 0$, $x \wedge x^{**} = x$;
c) $x^* \vee x^{**} = 1$, $x \vee x^{**} = x^{**}$. ∎

这样, 下面的推理就可立即得出.

推论 8.4.10 STA* 的原子公式等价到下面 20 条公式中某些公式的合取式:

Ⅰ a) $x \wedge a \leqslant x \vee b$;

Ⅰ b) $x \wedge a \leqslant x^* \vee b$;

Ⅰ c) $x \wedge a \leqslant x^{**} \vee b$;

Ⅰ d) $x \wedge a \leqslant x \vee x^* \vee b$;

Ⅰ e) $x \wedge a \leqslant b$;

Ⅱ a) $x^* \wedge a \leqslant x \vee b$;

Ⅱ b) $x^* \wedge a \leqslant x^* \vee b$;

Ⅱ c) $x^* \wedge a \leqslant x^{**} \vee b$;

Ⅱ d) $x^* \wedge a \leqslant x \vee x^* \vee b$;

Ⅱ e) $x^* \wedge a \leqslant b$;

Ⅲ a) $x^{**} \wedge a \leqslant x \vee b$;

Ⅲ b) $x^{**} \wedge a \leqslant x^* \vee b$;

Ⅲ c) $x^{**} \wedge a \leqslant x^{**} \vee b$;

Ⅲ d) $x^{**} \wedge a \leqslant x \vee x^* \vee b$;

Ⅲ e) $x^{**} \wedge a \leqslant b$;

Ⅳ a) $a \leqslant x \vee b$;

Ⅳ b) $a \leqslant x^* \vee b$;

Ⅳ c) $a \leqslant x^{**} \vee b$;

Ⅳ d) $a \leqslant x \vee x^* \vee b$;

Ⅳ e) $a \leqslant b$,

这里 a 和 b 不含变元 x.

以上 20 公式可分为两组. 下面的两个引理分别处理这两组公式.

引理 8.4.11 第一组公式 Ⅰ a), Ⅰ c), Ⅰ d), Ⅱ b), Ⅱ d) 和Ⅲ c) 为恒真公式, 而Ⅳ e) 或恒真或恒假.

证明 容易.

这样这些公式定义了整个 Stone 代数或空集.

引理 8.4.12 除上述第一组外, 其余公式均定义了一个 Stone 代数的连通集.

§8.4 Stone 代数的可定义集

证明 假定 $S \vDash \mathrm{STA}^*$, $a,b \in S$ 为常量，下面逐个证明每一个公式定义了一个连通集.

I b) $x \wedge a \leqslant x^* \vee b$.

设 $A_1 = \{x \in S | x \wedge a \leqslant x^* \vee b\}$. 假定 $x,y \in A_1$. 那么,

$$(x \wedge y) \wedge a = (x \wedge a) \wedge (y \wedge a)$$
$$\leqslant (x^* \vee b) \wedge (y^* \vee b)$$
$$= (x^* \wedge y^*) \vee b$$
$$\leqslant (x^* \vee y^*) \wedge b$$
$$= (x \wedge y)^* \vee b,$$

因此 $x \wedge y \in A_1$.

I e) $x \wedge a \leqslant b$.

设 $A_2 = \{x \in S | x \wedge a \leqslant b\}$. 假定 $x,y \in A_2$, 那么

$$(x \wedge y) \wedge a \leqslant x \wedge a \leqslant b,$$

因此 $x \wedge y \in A_2$.

II a) $x^* \wedge a \leqslant x \vee b$.

设 $A_3 = \{x \in S | x^* \wedge a \leqslant x \vee b\}$. 假定 $x,y \in A_3$, 那么

$$(x \vee y)^* \wedge a = x^* \wedge y^* \wedge a \leqslant (x \vee b) \wedge (y \vee b)$$
$$= (x \wedge y) \vee (b \wedge y) \vee (x \wedge b) \vee b \leqslant (x \vee y) \vee b.$$

因此 $x \vee y \in A_3$.

II c) $x^* \wedge a \leqslant x^{**} \vee a$.

设 $A_4 = \{x \in S | x^* \wedge a \leqslant x^{**} \vee a\}$. 假定 $x,y \in A_4$, 则

$$(x \vee y)^* \wedge a = x^* \wedge y^* \wedge a \leqslant x^{**} \vee y^{**} \vee a = (x \vee y)^{**} \vee a.$$

因此 $x \vee y \in A_4$.

II e) $x^* \wedge a \leqslant b$.

设 $A_5 = \{x \in S | x^* \wedge a \leqslant b\}$. 假定 $x, y \in A_5$. 则

$$(x \vee y)^* \wedge a = x^* \wedge y^* \wedge a \leqslant b.$$

因此 $x \vee y \in A_5$.

III a) $x^{**} \wedge a \leqslant x \vee b$.

设 $A_6 = \{x \in S | x^{**} \wedge a \leqslant x \vee b\}$. 假定 $x, y \in A_6$, 则

$$(x \wedge y)^{**} \wedge a = x^{**} \wedge y^{**} \wedge a \leqslant (x \vee b) \wedge (y \vee b) = (x \wedge y) \vee b.$$

因此 $x \wedge y \in A_6$.

III b) $x^{**} \wedge a \leqslant x^* \vee b$.

设 $A_7 = \{x \in S | x^{**} \wedge a \leqslant x^* \vee b\}$. 假定 $x, y \in A_7$. 则

$$\begin{aligned}(x \wedge y)^{**} \wedge a &= x^{**} \wedge y^{**} \wedge a \leqslant (x^* \vee b) \wedge (y^* \vee b) \\ &= (x^* \wedge y^*) \vee b \leqslant (x^* \vee y^*) \vee b = (x \wedge y)^* \vee b.\end{aligned}$$

因此, $x \wedge y \in A_7$.

III d) $x^{**} \wedge a \leqslant x \vee x^* \vee b$.

设 $A_8 = \{x \in S | x^{**} \wedge a \leqslant x \vee x^* \vee b\}$. 假定 $x, y \in A_8$, 那么,

$$\begin{aligned}(x \wedge y)^{**} \wedge a &= (x^{**} \wedge y^{**}) \wedge a = (x^{**} \wedge a) \wedge (y^{**} \wedge a) \\ &\leqslant (x \vee x^* \vee b) \wedge (y \vee y^* \vee b) \\ &= [(x \vee x^*) \wedge (y \vee y^*)] \vee b \\ &= [((x \vee x^*) \wedge y) \vee ((x \vee x^*) \wedge y^*)] \vee b \\ &= [(x \wedge y) \vee (x^* \wedge y) \vee (x \wedge y^*) \vee (x^* \wedge y^*)] \vee b \\ &\leqslant (x \wedge y) \vee x^* \vee y^* \vee b \\ &= (x \wedge y) \vee (x \wedge y)^* \vee b.\end{aligned}$$

因此 $x \wedge y \in A_8$.

§8.4 Stone 代数的可定义集

Ⅲ e) $x^{**} \wedge a \leqslant b$.

设 $A_9 = \{x \in S | x^{**} \wedge a \leqslant b\}$. 假定 $x, y \in A_9$, 则

$$(x \wedge y)^{**} \wedge a = x^{**} \wedge y^{**} \wedge a \leqslant b.$$

因此 $x \wedge y \in A_9$.

Ⅳ a) $a \leqslant x \vee b$.

设 $A_{10} = \{x \in S | a \leqslant x \vee b\}$. 假定 $x, y \in A_{10}$, 则容易看出 $x \vee y \in A_{10}$.

Ⅳ b) $a \leqslant x^* \vee b$.

设 $A_{11} = \{x \in S | a \leqslant x^* \vee b\}$. 容易证明, 如果 $x, y \in A_{11}$, 则 $x \wedge y \in A_{11}$.

Ⅳ c) $a \leqslant x^{**} \vee b$.

设 $A_{12} = \{x \in S | a \leqslant x^{**} \vee b\}$. 容易证明, 如果 $x, y \in A_{12}$, 则 $x \vee y \in A_{12}$.

Ⅳ d) $a \leqslant x \vee x^* \vee b$.

设 $A_{13} = \{x \in S | a \leqslant x \vee x^* \vee b\}$. 假定 $x, y \in A_{13}$. 则

$$\begin{aligned} a &\leqslant (x \vee x^* \vee b) \wedge (y \vee y^* \vee b) = (x \wedge y) \vee (x^* \wedge y) \vee (x \wedge y^*) \vee (x^* \wedge y^*) \vee b \\ &\leqslant (x \wedge y) \vee (y \wedge x) \vee (x^* \wedge y^*) \vee b \\ &= (x \vee y) \vee (x^* \wedge y^*) \vee b = (x \vee y) \vee (x \vee y)^* \vee b. \end{aligned}$$

因此 $x \vee y \in A_{13}$.

这样我们就证明了本引理中所述的 13 条公式都分别定义了连通集. 引理 8.4.12 证毕. ∎

由引理 8.3.9~ 引理 8.3.12, 我们就已经证明了 Stone 代数 S 的每一个 A-可定义子集都可表示为 S 的有穷多个连通集的 Boole 组合, 定义这些集的公式中的参数均为 A 中的元素 (A 就是由上述公式中那些常数 a, b 构成). 从而有下面的主要定理.

定理 8.4.13   STA* 是一个伪 o-极小的理论.

习 题 八

1. 证明引理 8.1.2.

2. 证明如果集合 M 的非空子集 A 存在下确界或上确界, 则它是唯一的.

3. 假定在非空集合 M 上定义二元函数 $\wedge$, 它满足幂等律、交换律和结合律, 并存在 $d \in M$ 满足 $\forall x \in M(x \wedge d = d)$. 那么定义 M 上的二元关系 $\leqslant$ 如下: $x \leqslant y$ 当且仅当 $x \wedge y = x$. 试证 $\leqslant$ 是 M 上的一个偏序关系, 从而 $(M, \leqslant, \wedge, 0)$ 是一个交半格.

4. 假定在非空集合 M 上定义二元函数 $\vee$, 它满足幂等律、交换律和结合律, 并存在 $d \in M$ 满足 $\forall x \in M(x \vee d = d)$. 那么定义 M 上的二元关系 $\leqslant$ 如下: $x \leqslant y$ 当且仅当 $x \vee y = y$. 试证 $\leqslant$ 是 M 上的一个偏序关系, 从而 $(M, \leqslant, \vee, 1)$ 是一个并半格.

5. 试证命题 8.2.4.

6. 试给出命题 8.4.4 的详细证明.

7. 试给出引理 8.4.9 的详细证明.

第九章 可分闭域

可分闭域 (separably closed field) 的模型论已被多位数理逻辑学家研究过. 例如 Ersov 证明了有固定特征 $p \neq 0$, 且有固定不完全度 (inperfection degree) 的可分闭域的一阶理论是完全的. Wood 证明了可分闭域的理论是稳定的, 但不是超稳定的; 它也是量词可消去的, 以及它的方程式 (equationality) 和独立关系、维数独立性质 (dimensional property) 等. Delon 证明了可分闭域是映像可消去的 (elimination of imaginaries).

特别要指出的是, 1992 年 Hrushovski 证明了函数域的 Mordell-Lang 猜想, 在他的证明中就应用了可分闭域模型论作为其工具之一.

本章的主要内容引自 *Model theory of fields* 一书中 M. Messmer 的一篇文章 ([MMP]).

§9.1 可 分 闭 域

在以下的讨论中均固定域的特征值 $p \neq 0$. 用 F, K, L 等表示域, $F[X_i : i \in I]$ 表示域 F 上的多项式环, 其中变元为 X_i, I 为某指标集 (可为无穷). $\bar{F}$ 表示 F 的代数闭包. F^{p^n} 表示 F 的子域 $\{x^{p^n} : x \in F\}$. F^n 表示 F 中元素 n 元组的集合. $\mathcal{F}_p$ 为有 p 个元素的有穷域.

定义 9.1.1 称多项式 $f \in F[X]$ 为可分的, 假如它的 $F[X]$ 中的不可约 (irreducible) 因子在 $\bar{F}$ 中有不同的根. 称元素 $x \in \bar{F}$ 在 F 上是可分的, 假如它在 F 的最小多项式是可分的.

定义 9.1.2 设 F 是 K 的域的开拓, 称代数元素 $t \in F$ 是在 K 中纯不可分的, 假如它在 $K[\bar{X}]$ 中的不可约多项式 f 可因式分解为 $f = (x - t)^m$. 称 F 为 K 的纯不可分开拓, 假如 F 的每一个元素都是在 K 上纯不可分的.

例 9.1.3 1) $x^2 + 1 \in \mathbb{R}[X]$ 是可分的, 因为 $x^2 + 1 = (x + i)(x - i)$, 而 $\bar{\mathbb{R}} = \mathbb{C}$. 同样地, $x^2 + x + 1 \in \mathbb{R}[X]$ 也是可分的, 因为 $x^2 + x + 1 = (x - \omega)(x - \omega^2)$. 但

$(x-1)^2 \in \mathbb{R}[X]$ 不是可分的.

2) $x^2 + 1 = (x+1)^2 \in \mathbb{Z}_2[x]$. 由于多项式 $x^2 + 1$ 在 $\mathbb{Z}_2$ 上没有单根, $x^2 + 1$ 在 $\mathbb{Z}_2$ 上不可分 (-1 是它的二重根).

命题 9.1.4 不可约多项式 $f \in F[X]$ 是可分的当且仅当它的形式导函数 f' 不为 0. F 的代数开拓 K 是可分的, 假如每一个 $x \in K$ 在 F 上是可分的.

证明 因为 $f'(a) = 0 \Leftrightarrow f = (x-a)f_1$. ∎

定义 9.1.5 在 $\{a_1, \cdots, a_n\} \subseteq F$ 上的一个 p-单项式是指形如 $a_1^{e_1} \cdots a_n^{e_n}$ 这样的元素, 这里 $0 \leqslant e_i < p$, $i = 1, \cdots, n$.

1) 称有穷集 $A = \{a_1, \cdots, a_n\} \subseteq F$ 在 F 中是 p-独立的, 假如在 A 上的 p-单项式集 $\{m_0 = 1, \cdots, m_{p^n-1}\}$ 在 F^p 上是线性独立的. 对于无穷集 A, 如果它的每一个有穷子集都是 p-独立的, 则称 A 是 p-独立的.

2) 称域 K 是域 F 的可分开拓, 如果 $F \subseteq K$, 而且假如 $A \subseteq F$ 在 F 上的 p-单项式在 F 是 p-独立的, 则 A 在 K 是 p-独立的. 等价地说, F 和 K^p 是在 F^p 线性分离的 (见 §9.2).

3) 称集合 A 是 F 的 p-基, 如果 $A \subseteq F$ 而且假如在 A 上的 p-单项式集形成 F 在 F^p 上的一个基, F 如同一个向量空间, 也就是说, A 是 F 的最大的 p-独立子集. 这样的 A 的基数称作 F 的不完全度 (inperfection degree), 或 F 的 Eršov-不变数, 也简称作 F 的不变数.

4) 称 F 是可分闭的, 假如它没有真的可分代数开拓. $\hat{F}$ 记作 F 的可分闭包, 亦即 F 的极大可分代数开拓 (注意 $\hat{F} \subseteq \bar{F}$).

§9.2 可分闭域的理论

可分闭域的语言为域的语言, 即 $\mathcal{L}_0 = \{+, -, \cdot, ^{-1}, 0, 1\}$. 设 SCF_e 表示不变数为 e 的特征数为 p 的可分闭域的理论, 这里 e 为自然数或 ∞.

命题 9.2.1 当 $e = 0$ 时, SCF_0 为代数闭域的理论.

证明 留作习题.

下面我们考察理论 SCF_e 的完全性. 首先考察 e 为有穷的情形. 将语言 $\mathcal{L}_0$ 开

§9.2 可分闭域的理论

拓到 $\mathcal{L} = \mathcal{L}_0 \cup \{a_1, a_2, \cdots, a_e\}$, 这里 a_i 在模型中解释为 $\check{P}$- 基中的元素.

注意到理论 SCF_e 在语言 $\mathcal{L}$ 中不是模型完全的 (习题). 假定 SCF'_e 表示在语言 $\mathcal{L}$ 中的不变量 e 的可分闭域的理论. 我们的目标是要证明理论 SCF'_e 是模型完全的. 为了证明这一点, 现引出一些代数学中的概念.

设 Ω 为一代数闭域, P 为 $\Omega[X_1, \cdots, X_n]$ 的一个素理想. 定义 $V = \{x \in \Omega^n :$ 对一切 $f \in P, f(\bar{x}) = 0\}$, 称作仿射族 (affine variety), 它是 $\Omega[X_1, \cdots, X_n]$ 的素理想 P 的零点集. $I(V) = \{f \in \Omega[\bar{X}] :$ 对一切 $\bar{x} \in V, f(\bar{x}) = 0\}$ 为理想 (回忆第四章代数闭集和 Zariski 闭集部分).

设 I 为 $\Omega[\bar{X}]$ 的一个理想. 假如 $K \subseteq \Omega$, I 有由 $K[\bar{X}]$ 的元素构成的一个基, 则 K 称作定义 I 的域. 后面要证明存在一个这样定义的极小的域. 如果 K 是定义 $I(V)$ 的一个域, 则称仿射族 V 定义在 K 上.

设 C 为代数闭域, $K, E, F \subseteq C, K = E \cap F$. 称 E 和 F 是在 K 上线性分离的 (linearly disjoint), 假如 E 的每一个在 K 上线性独立子集也在 F 上线性独立.

引理 9.2.2 设 F 为可分闭域, K 为 F 的可分开拓. 则 $\bar{F}$ 和 K 是在 F 上线性分离的.

证明 我们需要证明如果 K 中的 n-元组在 F 上线性独立则它在 $\bar{F}$ 也线性独立. 设 $\{b_1, \cdots, b_n\} \subseteq K$ 是在 $\bar{F}$ 线性相关的. 那么存在不全为 0 的 $c_1, \cdots, c_n \in \bar{F}$ 使得 $c_1 b_1 + \cdots + c_n b_n = 0$. 由于 F 是可分闭域, 这样的 c_i 必为在 F 上纯不可分的. 于是存在 $m \in \omega$ 满足对一切 i, $c_i^{p^m} \in F$ 成立, 所以有

$$c_1^{p^m} b_1^{p^m} + \cdots + c_n^{p^m} b_n^{p^m} = 0.$$

又由于 K 在 F 上是可分的, 从而 K^{p^m} 和 F 在 F^{p^m} 上是线性分离的. 因此, 有 $d_1, \cdots, d_n \in F$ 不全为 0, 满足

$$d_1^{p^m} b_1^{p^m} + \cdots + d_n^{p^m} b_n^{p^m} = (d_1 b_1 + \cdots + d_n b_n)^{p^m} = 0.$$

这就是说, $\{b_1, \cdots, b_n\}$ 在 F 上为线性相关的. ∎

引理 9.2.3 理论 SCF'_e 在语言 $\mathcal{L}$ 中是模型完全的.

证明 设 $F \subseteq K$, F 和 K 都是 SCF'_e 的模型, 并设 $\{a_1, \cdots, a_n\}$ 为 F 和 K 的 p-基, 所以 K 是 F 的可分开拓并保持 p-独立性. 由于 F 是可分闭域, 所以 F 在 K 中是相对代数闭的. K 为 F 的正则开拓.

设 $\varphi(x_1, \cdots, x_n)$ 是 F 上的无量词公式, 满足 $K \vDash \exists \bar{x} \varphi(\bar{x})$. 设 $\bar{b} \in K$ 满足 $K \vDash \varphi(\bar{b})$. 不失一般性, 设 φ 为折取范式, 即

$$\varphi(\bar{x}) = \bigvee_j (\bigwedge_i f_{ji}(\bar{x}) = 0 \bigwedge_k g_{jk}(\bar{x}) \neq 0),$$

这里 $f_{ji}, g_{jk} \in F[\bar{X}]$. 同样, 不失一般性, 可设

$$K \vDash \bigwedge_i f_{1i}(\bar{b}) = 0 \wedge \bigwedge_k g_{1k}(\bar{b}) \neq 0.$$

现在考察 $F[\bar{X}, Y]$ 的素理想, P:

$$P = \{ f \in \bar{F}[\bar{X}, Y] : f(\bar{b}, 1/\prod_k g_{k1}(\bar{b})) = 0 \}.$$

由前述引理, $\bar{F}$ 和 K 在 F 上是线性分离的, 从而 (由代数几何) F 为定义 P 的域, 且 P 给出的仿射族 $V \subseteq \bar{F}^{n+1}$ 是在 F 上定义的. 同样由代数几何, 在 F 上的可分代数开拓 V 的点集合在 V 中稠密. 因为 F 为可分闭域, 所以存在 $(\bar{c}, d) \in V \cap F^{n+1}$. 显然, 由于对一切 i, $f_{1i}(\bar{x}) \in P$ 成立, 而且 $\prod_k g_{1k}(\bar{x}) Y - 1 \in P$, 从而 $\bar{c}$ 满足 $\varphi(\bar{x})$. ∎

命题 9.2.4 $F_p(a_1, \cdots, a_e)$ 的可分闭包是 SCF'_e 的素模型.

证明 显然 $F_p(a_1, \cdots, a_e)$ 的可分闭包为 SCF'_e 的模型, 而且它包含在 SCF'_e 的任意模型中. 但 SCF'_e 是模型完全的, 所以 SCF'_e 的每一个模型均可初等嵌入到 $F_p(a_1, \cdots, a_e)$. ∎

定理 9.2.5 (Ersov) 理论 $\text{SCF}_e(e \in \omega \cup \{\infty\})$ 是完全的.

证明 如果 e 为有穷, 则根据文献 [Mk2]79 页, 命题 3.1.15, SCF_e 是模型完全的, 且存在一模型 $F_p \in (a_1, \cdots, a_e)$ 可嵌入一切 SCF_e 的模型, 所以 SCF_e 是完全的.

在 $e = \infty$ 的情形, 增加无穷多个关系符 $Q_n(x_1, \cdots, x_n)$, $n \in \omega$, 它解释如下: $Q_n(x_1, \cdots, x_n)$ 当且仅当 $\{x_1, \cdots, x_n\}$ 是 p-独立的. 因而

$Q_n(x_1, \cdots, x_n)$ 当且仅当 $\forall y_1 \cdots y_n (y_1^p x_1 + \cdots + y_n^p x_n = 0 \to y_1 = \cdots = y_n = 0).$

在新的语言中, 我们可以用类似前面的方法证明它的理论是模型完全的. $F_p(x_i : i \in \omega)$ 的可分闭包是 SCF_∞ 的素模型, 从而 SCF_∞ 是完全的. ∎

§9.3 可分闭域的稳定性

设 $F \vDash \mathrm{SCF}'_e$, $\{m_0 = 1, \cdots, m_{p^e-1}\}$ 为在 p-基 $\{a_1, \cdots, a_e\}$ 上的 p-单项式的集合.

于是每一个 $x \in F$ 可唯一地表为

$$x = x^p_{\langle 0 \rangle} m_0 + \cdots + x^p_{\langle p^e-1 \rangle} m_{p^e-1},$$

这里 $x_{\langle i \rangle} \in F$. 对于任意 $0 \leqslant i < p^e$,

$$x_{\langle i \rangle} = x^p_{\langle i,0 \rangle} m_0 + \cdots + x^p_{\langle i,p^e-1 \rangle} m_{p^e-1}.$$

继续这个过程就可得到一个关于 F 中元素 x 的无穷分解的树 (见图 9.1).

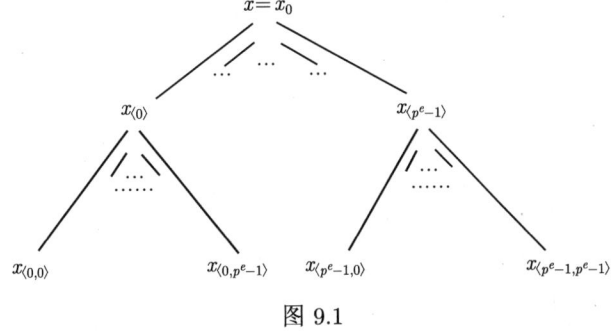

图 9.1

注意到语言 $\mathcal{L}$ 中, 该树上的每一个元素都可在 x 上定义, 而 x 可定义在树的每一层上.

设 $(p^e)^{<\omega}$ 表示在 $\{0,1,\cdots,p^e-1\}$ 上的有穷数组. 在语言 $\mathcal{L}$ 中加入无穷多个下述一元函数符 λ_σ, $\sigma \in (p^e)^{<\omega}$:

1) $\lambda_\varnothing(x) = x_\varnothing = x$;

2) 对于 $0 \leqslant j < p^e$, $\lambda_{\langle j \rangle}(x) = x_{\langle j \rangle} \Leftrightarrow x = \sum_{j=0}^{p^e-1} x^p_{\langle j \rangle} m_j$;

3) 对于 $\sigma \in (p^e)^{<\omega}$, $\lambda_{\widehat{\sigma\langle j \rangle}}(x) = \lambda_{\langle j \rangle}(\lambda_\sigma(x)) = x_{\widehat{\sigma\langle j \rangle}}$.

也就是说, $x_{\langle j\rangle}$ 是 x 的第 j 个坐标. 而 $x_{\langle\sigma j\rangle}$ 是 $x_{\langle\sigma\rangle}$ 的第 j 个坐标.

这样 x 就分解为一个无穷树. 而所有 λ_σ 均在语言 $\mathcal{L}$ 中可定义.

定义 9.3.1 SCF_e^* 表示特征为 p 不变数为 $e(<\omega)$ 的可分闭域在语言 $\mathcal{L}^* = \mathcal{L} \cup \{\lambda_\sigma : \sigma \in (p^e)^{<\omega}\}$ 中的理论.

下面要用 Shoenifield 判定法 (参见 §1.6) 来证明 SCF_e^* 是量词可消去的.

我们需要证明:

对于 T 的任意的 ω_1-饱和模型 $\mathcal{M}$ 和 T 的可数模型 $\mathcal{N}$, 以及它们的子模型 $\mathcal{A} \subseteq \mathcal{M}, \mathcal{B} \subseteq \mathcal{N}$, 假如 $\mathcal{A} \cong \mathcal{B}$, 则这个同构可以开拓到 $\mathcal{N}$ 到 $\mathcal{M}$ 内的一个初等嵌入.

命题 9.3.2 设 $F \models \mathrm{SCF}_e^*, k$ 为 K 的子结构, 则 k 有不变数 e.

证明 由于 $\{a_1, \cdots, a_e\} \subseteq k$, 所以 k 的不变数至少为 e. 另一方面, 任何 k 中元素 x 均包含它的所有坐标 x_σ. 由于它是在 $\{a_1, \cdots, a_e\}$ 上 p-独立的, 所以 k 的不变数至多为 e. 这就证明这个命题.

现在就可以证明 SCF_e^* 是量词可消去的.

引理 9.3.3 理论 SCF_e^* 在语言 $\mathcal{L}^*$ 中是量词可消去的.

证明 设 k_1 为 K 的子结构, $K \models \mathrm{SCF}_e^*$ 为 ω_1-饱和模型, k_2 是 F 的子结构. $F \models \mathrm{SCF}_e^*$, F 可数, 且 $k_1 \cong k_2$. 于是它们的可分闭包亦同构, 即 $\hat{k}_1 \cong \hat{k}_2$, $\hat{k}_1 \models \mathrm{SCF}_e^*$, 且 $\hat{k}_1 \subseteq K$.

由 SCF_e^* 的模型完全性, $\hat{k}_1 \prec K$, 亦即 $\hat{k}_2$ 可初等嵌入 K. 但 K 是 ω_1-饱和的, 所以 F 可初等嵌入 K. ∎

由 SCF_e^* 的量词可消去可以得到许多有趣的结果. 下面的推论就是其中之一.

推论 9.3.4 带有 SCF_e^* 的一个模型 F 中的参数的每一个公式 $\varphi(\bar{x})$ 都等价到下面形式的公式的 Boole 组合:

$$f(x_{1\sigma_1}, \cdots, x_{1\sigma_m}, \cdots, x_{n\sigma_1}, \cdots, x_{n\sigma_m}) = 0,$$

这里 $f \in F[X_{1\sigma}, \cdots, X_{n\sigma} : \sigma \in (p^e)^{<\omega}]$.

§9.3 可分闭域的稳定性

证明 首先考察对一切 x, y, 以及 $\sigma \in (p^e)^{<\omega}$, 在 $F(x_\tau, y_\tau, : \tau \in (p^e)^{<\omega})$ 中的表达式 $(x+y)_\sigma, (x-y)_\sigma, (x \cdot y)_\sigma, (x^{-1})_\sigma$, 例如当 $p=3, e=1$ 时, p-基为 $\{a\}$. 那么将 x 和 y 分解成的第一层就是

$$x = x_{\langle 0 \rangle} + x_{\langle 1 \rangle} a + x_{\langle 2 \rangle} a^2,$$

$$y = y_{\langle 0 \rangle} + y_{\langle 1 \rangle} a + y_{\langle 2 \rangle} a^2.$$

这样 $x \cdot y$ 的第一层坐标可以从下面矩阵乘积的第一行获得

$$\begin{pmatrix} x_{\langle 0 \rangle} & x_{\langle 1 \rangle} & x_{\langle 2 \rangle} \\ x_{\langle 2 \rangle} a & x_{\langle 0 \rangle} & x_{\langle 1 \rangle} \\ x_{\langle 1 \rangle} a & x_{\langle 2 \rangle} a & x_{\langle 0 \rangle} \end{pmatrix} \cdot \begin{pmatrix} y_{\langle 0 \rangle} & y_{\langle 1 \rangle} & y_{\langle 2 \rangle} \\ y_{\langle 2 \rangle} a & y_{\langle 0 \rangle} & y_{\langle 1 \rangle} \\ y_{\langle 1 \rangle} a & y_{\langle 2 \rangle} a & y_{\langle 0 \rangle} \end{pmatrix},$$

见图 9.2. 所以 $x \cdot y =$ (第一项) + (第二项) $\cdot a$ + (第三项) $\cdot a^2$.

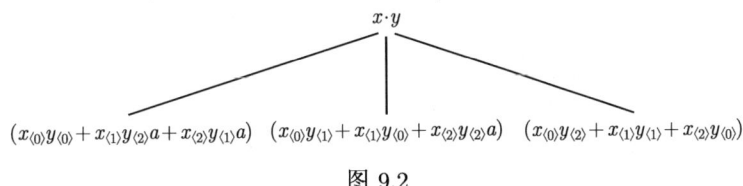

图 9.2

因此对不带量词的每一个公式上述命题为真, 而 SCF_e^* 是量词可消去的, 从而对一切公式上述命题为真. ∎

命题 9.3.5 设 $F \models \mathrm{SCF}_e^*$. 存在从 $[F]^n$ 到 F 内的可定义单射 (injection), 因而也存在从 n-型的集合到 1-型的集合的一个单射.

证明 设 $m < \omega$ 满足 $p^{me} \geqslant n$. 设 $\{m_1', \cdots, m_{p^{me}}'\}$ 为在 $\{a_1, \cdots, a_e\}$ 上的 p^m-单项式的集合. 也就是说, $\{m_1', \cdots, m_{p^{me}}'\}$ 是 F 在 F^{p^m} 上的一个基. 定义 $\Phi : [F]^n \to F$ 如下:

$$\Phi(x_1, \cdots, x_n) = \sum_{i=1}^n x_i^{p^m} m_i'.$$

注意 $\Phi(\bar{x})$ 是一个树的第 m 层的一个元素, 它包含 $(x_1, \cdots, x_n, 0, \cdots, 0)$, 因而 Φ 即为所求. ∎

推论 9.3.6 设 $F \models \mathrm{SCF}_e^*$, 则存在一个在 F 上的完全的 1-型和多项式环 $F[x_\sigma : \sigma \in (p^e)^{<\omega}]$ 的某些素理想间的一一对应.

证明 对于 $F \models \text{SCF}_e^*$, F 的自同构 $\text{Aut}(F)$ 作用在型上, 实际上是作用在参数上. 对于 $F[X_i : i \in I]$ 这个 F 上的多项式环, $\text{Aut}(F)$ 也是靠作用于多项式的系数上来作用在 $F[X_i : i \in I]$ 的理想上. 因此, 设 q 为 F 上的 1-型, 定义

$(*)$ $\qquad I(q) = \{f \in F[X_\sigma : \sigma \in (p^e)^{<\omega}] : \text{"}f(\bar{x}_\sigma) = 0\text{"} \in q\}.$

注意到因为 q 是一个完全型, 所以 $I(q)$ 是一个素理想. 而由推论 9.3.4, 含有 F 中元素为参数的公式 $\varphi(\bar{x})$ 等价到一个 $F[X_\sigma : \sigma \in (p^e)^{<\omega}]$ 上的多项式, 因此有 1-型和素理想 $(*)$ 间的一一对应. ∎

下面我们要证明 Wood 的一个重要结果. Wood 在 [Wo] 中证明了理论 SCF_e^* 是稳定的, 但不是超稳定的. 这是至今人们知道的唯一的一个稳定的但不超稳定的例子.

定理 9.3.7(Wood) 理论 SCF_e^* 是稳定的但不是超稳定的.

证明 设 $F \models \text{SCF}_e^*$ 满足 $|F|^{\aleph_0} = |F|$. 由推论 9.3.6, 在 F 上的 1-型的个数至多是 $F[X_\sigma : \sigma \in (p^e)^{<\omega}]$ 的理想的个数. 对于理想 $I \subseteq F[x_\sigma : \sigma \in (p^e)^{<\omega}]$, 设

$$I_n = I \cap F[X_\sigma : \sigma \in (p^e)^n],$$

这里 $(p^e)^n$ 表示 $\{0, 1, \cdots, p^e-1\}$ 上的长度至多为 n 的元组的集合. $F[X_\sigma : \sigma \in (p^e)^n]$ 是一个 Noether 环 (Noetherian ring). 因为它是有穷多个变元的多项式环, 因此 I_n 是有穷生成的, 所以对每一个 n, 至多能有 $|F|$ 多个不同的理想 I_n. 但 $I = \bigcup_{n \in \omega} I_n$, 这就表示至多可能有 $|F|^{\aleph_0} = |F|$ 多个不同的理想 I. 由于 I 和 1-型一一对应, 因此在 $|F|^{\aleph_0} = |F|$ 上至多有 $|F|$ 个型. 从而 SCF_e^* 是稳定的.

下面再来证明 SCF_e^* 不是超稳定的. 我们要证明

$$F > F^p > F^{p^2} > \cdots > F^{p^i} > \cdots$$

形成一个可定义加法群的无穷降链, 其中每一个对它后面的指标都是无穷的, 即 $[F^{p^{n-1}} : F^{p^n}] = \infty$. 由于 F 可定义地同构到 $F^p : x \mapsto x^p$, 因此只需证明 F^p 对 F 的指标是无穷的, 即 $[F^p : F] = \infty$. 但这可由 Poizat 的一个定理 (此处略去) 立即得出. ∎

§9.4 可分闭域的映像可消去

对于理论的映像可消去的问题我们已经在前面讨论过. 这一节要讨论可分闭域的理论的映像可消去问题. 回忆下面它的定义.

回忆称有万有模型 (monster model) $\mathcal{M}$ 的一阶理论 T 是映像可消去的, 如果每一个 (可能带有参数的) 可定义集 $A \subseteq M^n$, 存在一个有穷集 $B \subseteq M$ 使得 $\mathcal{M}$ 上的每一个自同构 σ, 如果 σ 固定 A (即 $\sigma(A) = A$) 当且仅当 σ 逐点固定 B (即 $b \in B \to \sigma(b) = b$).

命题 9.4.1 1) 如果理论 T 是映像可消去的, 并且空集的可定义闭包 $\mathrm{dcl}(\varnothing)$ 至少包含两个元素, 那么在 M^n 上的每一个可定义的等价关系 E 都有 m 使得 M^n 到 M^m 的某个可定义函数 f 满足对一切 $\bar{x}, \bar{y}$, 有 $E(\bar{x}, \bar{y}) \Leftrightarrow f(\bar{x}) = f(\bar{y})$.

2) 假如理论 T 映像可消去, 那么对每一个可定义集 $A \subseteq M^n$ 存在一个最小的可定义闭集 B 使得 A 可在 B 上定义.

引理 9.4.2 理论 $\mathrm{SCF}_e (e \leqslant \omega)$ 在域的语言中不是映像可消去的.

证明 设 F 是 SCF_e 的饱和模型. 可以找到 $x, y \in F - F^p$, 它们在同一个同余 F^{*p} 的傍集 (coset) 中, 并满足 $F_p(x) \cap F_p(y) = F_p$. 注意到 $F_p(x)$ 和 $F_p(y)$ 是两个可定义闭集. xF^{*p} 可在其上定义. 但是 xF^{*p} 显然不可定义在 $F_p(x) \cap F_p(y) = F_p$ 上, 这个矛盾 (矛盾于上述命题 2) 就证明了本引理. ■

下面我们用例子来说明如何在理论 SCF_e^* 中可实现一种较弱形式的映像可消去.

例 9.4.3 假定 $p = 3, e = 1$, p-基为 $\{a\}$. $x, y \in F^*$ 在关于 F^{*3} 同余的同一个傍集当且仅当

$$\frac{x_{\langle 1 \rangle}^3 + 2x_{\langle 2 \rangle}^3 a}{x} = \frac{y_{\langle 1 \rangle}^3 + 2y_{\langle 2 \rangle}^3 a}{y}. \tag{1}$$

注意到

$$x = x_{\langle 0 \rangle}^3 + x_{\langle 1 \rangle}^3 a + x_{\langle 2 \rangle}^3 a^2, \quad y = y_{\langle 0 \rangle}^3 + y_{\langle 1 \rangle}^3 a + y_{\langle 2 \rangle}^3 a^2.$$

由方程 (1) 比较同类项: 可得下列等式:

$$a^0 : x_{\langle 0 \rangle}^3 y_{\langle 1 \rangle}^3 = x_{\langle 1 \rangle}^3 y_{\langle 0 \rangle}^3 \Rightarrow x_{\langle 1 \rangle} y_{\langle 0 \rangle} = x_{\langle 0 \rangle} y_{\langle 1 \rangle},$$

类似地, 可有
$$a : x_{\langle 2\rangle}y_{\langle 0\rangle} = x_{\langle 0\rangle}y_{\langle 2\rangle},$$
$$a^2 : x_{\langle 1\rangle}y_{\langle 2\rangle} = x_{\langle 2\rangle}y_{\langle 1\rangle}.$$

这样, $\frac{x_{\langle 0\rangle}}{y_{\langle 0\rangle}} = \frac{x_{\langle 1\rangle}}{y_{\langle 1\rangle}} = \frac{x_{\langle 2\rangle}}{y_{\langle 2\rangle}}$. 于是, $\frac{y}{x} \in F^{*3}$. 因此 $\frac{x_{\langle 1\rangle}^3 + 2x_{\langle 2\rangle}^3 a}{x}$ 是最小可定义闭集, 在其上 xF^{*3} 是可定义的, 而 xF^{*3} 可定义在此集合上. 这就是说, 商群 F^*/F^{*3} 有下述可定义的映像而映像可消去:

$$x \mapsto \frac{x_{\langle 1\rangle}^3 + 2x_{\langle 2\rangle}^3 a}{x}.$$

这是映像可消去的一种较弱的形式. 下面我们就给出可分闭域的弱映像可消去的正式定义.

定义 9.4.4 称理论 T 有弱映像可消去, 假如它的万有模型 $\mathcal{M}$, 对每一个可定义集 $A \subseteq M^n$, 存在公式 $\varphi(\bar{x}, \bar{y})$ 使得只有有穷多个数组 $\bar{a}_1, \cdots, \bar{a}_m$ 使得 $\varphi(\bar{x}, \bar{a}_i)$ 定义 A.

注意在一般域的理论中, 映像可消去与弱映像可消去是一致的.

命题 9.4.5 设 T 为域的理论. T 有弱映像可消去当且仅当 T 有映像可消去.

证明 设 $\varphi(\bar{x}, \bar{y})$ 是在 T 的语言中的公式, $\mathcal{M} \vDash T$. 为简化起见, 不妨假定 $|\bar{y}| = 1$. 设 $a_1, \cdots, a_m$ 是仅存的元素使得 $\varphi(\bar{x}, a_i)$ 定义 $A \subseteq M^n$. 设 $f_1(y_1, \cdots, y_m), \cdots, f_m(y_1, \cdots, y_m)$ 是变元为 $y_1, \cdots, y_m$ 的对称函数, 即

$$f_1(y_1, \cdots, y_m) = \sum_{i=1}^m y_i,$$
$$f_2(y_1, \cdots, y_m) = \sum_{i \neq j}^m y_i y_j,$$
$$\cdots\cdots$$
$$f_m(y_1, \cdots, y_m) = y_1 y_2 \cdots y_m.$$

定义公式 $\psi(\bar{x}, \bar{z})$ 如下

$$\exists y_1 \cdots y_m (\varphi(\bar{x}, y_1) \wedge \bigwedge_{i=1}^m \forall \bar{x} \varphi(\bar{x}, y_1) \leftrightarrow \varphi(\bar{x}, y_i) \wedge \bigwedge_{i \neq j} y_i \neq y_j \wedge \bigwedge_{i=1}^m z_i = f_i(\bar{y})).$$

现在可看出 $(f_1(\bar{a}), \cdots, f_m(\bar{a}))$ 是仅有的数组 $\bar{b}$ 满足公式 $\psi(\bar{x}, \bar{b})$ 定义 A. ∎

定义 9.4.6 T 为一阶理论，p 为模型 $\mathcal{M} \models T$ 上的 n-型，$A \subseteq M$ 为可定义闭集. 称 A 为 p 的典范基 (canonical base)，假如 M 的每一个自同构 σ 固定 p 当且仅当 σ 逐点固定 A，即当 $\sigma \in \mathrm{Aut}(M)$，则

$$\sigma \upharpoonright p = p \Leftrightarrow \forall a \in A(\sigma(a) = a).$$

下面的引理给出了映像可消去与典范基存在性之间的关系.

引理 9.4.7 设 T 为有映像可消去的稳定理论，则每一个型有典范基.

证明 设 p 是在 $\mathcal{M} \models T$ 上的 n-型. 那么 p 可在 M 上定义. 这就意味着对每一个没有参数的公式 $\varphi(\bar{x}, \bar{y})$ 存在在 M 上的公式 $d\varphi(\bar{y})$ 使得对一切 $\bar{a} \subset M$，$\varphi(\bar{x}, \bar{a}) \in p \Leftrightarrow M \models d\varphi(\bar{a})$.

因为 T 是映像可消去的，所以对每一个 $d\varphi(\bar{y})$ 存在有穷集 B_φ 使得一切自同构，它固定由 $d\varphi(\bar{y})$ 定义的集合当且仅当它逐点固定 B. 现在设 A 为所有 B_φ 的并的可定义闭包. 容易看出 A 就是 p 的典范基. ∎

上述引理的逆不成立. 只有等号的纯语言的无穷集的理论就是一个范例 (习题). 但较其弱的形式成立.

引理 9.4.8 (Evans, Pillay, Poizat) 设 T 是稳定的域的理论. T 的任意模型 $\mathcal{M}$ 上的每一个 n-型都有一个典范基. 那么 T 有弱映像可消去.

我们略去它的证明.

有了引理 9.4.8 和 9.4.5，立即可得.

定理 9.4.9 设 T 是稳定的域的理论. T 的任意模型 $\mathcal{M}$ 上的每一个 n-型都有一个典范基，则 T 有映像可消去.

习 题 九

1. 证明仅有等号的无穷集的理论的每一个型有典范基，但没有映像可消去.
2. 证明当不变数 $e = 0$ 时，可分闭域的理论 SCF_0 是代数闭域的理论.
3. 证明 SCF_e 一般说来在语言 $\mathcal{L}$ 中不是模型完全的.

第十章 可计算模型论简介

本章的内容严格说来并不属于代数模型论的范畴，但近来这方面的研究工作比较活跃，因此作者增写这一章以响应某些读者.

早在 20 世纪 70 年代，就在 Sacks 和他的学生们深入研究可计算理论 (当时称作递归论) 中的度论，并有大量成果涌现的时候，Cornell 大学的 A. Nerode 以及澳大利亚 Monash 大学的 J.N. Crossley(他自己起的中文名字为郭树理) 等也带领他们的学生发展了另一个研究领域，可计算代数或更广泛一点的，可计算数学 (当时称作能行性代数 (Effective algebra) 和能行性数学).

1982~1984 年在 Cornell 访问后回国的杨东屏先生说，美国数理逻辑界流传一个说法，就是在美国有一个人指天，另一个人指地. 指天的是 Sacks，指地的是 Nerode. 就好像在古希腊 Plato 指天 Aristotie 指地一样. 这个意思是说，Sacks 是研究完全抽象的计算理论中的度论，而 Nerode 倡导研究代数学及其他数学分支中的可计算内涵. 自那时以来，在度论和可计算数学方面都取得了很大的成就，都有大量的研究成果. 作者也在 1988 年发表了一篇文章 (见文献 [S2])，在可计算 Boole 代数中取得了类似可计算自然数理论中 Friedburg 定理的结果.

应该指出就在差不多同时 (或稍后)，也有人开始研究模型论中的能行性内容，即我们要在这一章里介绍的可计算模型论 (当时称作递归模型论). 作者认为最重要的代表人物应属美国 Wiscoson 大学 Madison 分校的 T. Millar. 他在 20 世纪 80 年代初获得博士学位后发表了大量关于可计算模型论的论文，也培养了一些在这方面工作的学生. 近年来美国芝加哥大学的 Soare 和他的学生，以及 Cornell 大学的 Shore 和他的学生们，也转而研究可计算模型论，并有很好的工作发表.

§10.1 模型论及其概念的可计算化

下面我们首先来讨论可计算集、可计算关系和可计算函数的概念. 所谓一个集合 P 是可计算的，就是指存在一个算法，根据这个算法在有穷步内，对任意的 x，我们可以判定 $x \in P$ 这个命题是真还是假. 显然有穷集为可计算集. 整数系中的偶数

§10.1 模型论及其概念的可计算化

集、有理数集、素数集等都是可计算集. 但无理数集, $\{\sin x | x \in \mathbb{R}\}$ 等不是可计算集.

可计算的函数 $f(x)$ 是指在给定了 x 的任意值之后, 我们可以依照某算法在有穷步内得出函数值 $f(x)$. 例如定义域为整数集的一元函数 $S(x) = x+1$(称作后继函数), 就是可计算函数. 自然数集的加法函数

$$+(x,y) = \begin{cases} x+1 = S(x), \\ x+y+1 = S(x)+y \end{cases}$$

是可计算函数. 自然数集上的乘法函数也是一个可计算函数. 还可以举出很多例子, 读者也可自己举出, 或参考任何一本关于可计算论理论的书. 可计算枚举集就是某个可计算函数的值域 (或定义域). 一个集是可计算集当且仅当它和它的补集都是可计算枚举集.

可计算关系就是一个可以在有穷步内断定它的真假的关系. 比如定义自然数集上的二元关系 $R(x,y)$ 为 x 可整除 y. 那么 $R(x,y)$ 就是一个可计算关系, 因为 $R(x,y)$ 真, 当且仅当 $\exists z < y(x \cdot z = y)$, 也就是说, 至多试 y 次就可知其真假.

下面我们就来讨论可计算模型论的一些基本概念.

定义 10.1.1 语言为 $\mathcal{L}$ 的理论 T 是可判定的, 假如它是可计算语句的集合. 也就是说, 这些语句的 Gödel 数 (简单地说, Gödel 数就是将所有语句编码的数) 的集合是可计算的. 这样, 假定 A 为理论 T 的公理集, 则存在算法 (这里算法均指在有穷步内可以完成的算法), 它可以决定对于 T 中的每一个语句 σ, 是否有 $A \vdash \sigma$.

前面各章中研究的实闭域的理论 (RCF)、代数闭域的理论 (ACF)、p-进位域的理论, 线性序的理论、Abel 群的理论、Boole 代数的理论均是可判定理论. 而自然数论、环的理论、域的理论、分配格的理论、偏序的理论等等, 都是不可判定理论的例子.

命题 10.1.2 完全的可计算公理化的理论是可判定的.

证明 这里可计算公理化的理论 T 是指它的公理集是可计算集. 因为可计算的公理化的理论是可计算枚举的, 而 T 是完全的, 所以 T 是可判定的.

这样, 完全的可有穷公理化的理论必是可判定的.

定义 10.1.3 可计算结构 $\mathcal{M} = \langle M, f_1, \cdots, f_n, R_1, \cdots, R_m, c_1, \cdots, c_p \rangle$ 是指 M 是可计算集合, 函数 $f_i (i = 1, \cdots, n)$ 是可计算函数, 关系 $R_j (j = 1, \cdots, m)$ 为可计算的关系.

定义 10.1.4 称模型 $\mathcal{M}$ 是 1-可判定的结构, 假如它是可计算的, 并且图 $\text{Diag}(\mathcal{M})$ 是可计算的.

定义 10.1.5 称模型 $\mathcal{M}$ 是可判定的结构, 假如 $\mathcal{M}$ 是可计算的, 并且存在 $\mathcal{M}$ 的可计算枚举 $(a_i)_{i \in \omega}$ 使得 $\mathcal{M}$ 的完全图 (complete diagram) 亦即 $\text{Th}((\mathcal{M}, a_i)_{i \in \omega})$ 是可判定的. 也就是说, 存在算法对于每一序列 $(a_{i_0}, \cdots, a_{i_{n-1}}) \in M^n$, 每一公式 $\theta(\bar{x})$, 可判定 $\mathcal{M} \models \theta(a_{i_0}, \cdots, a_{i_{n-1}})$ 的真假.

每个可判定的模型都是可计算的, 但其逆不真. 例如 $(\omega, +, \cdot)$ 是可计算模型但不是可判定模型.

这里有一个很有趣的事实. 在模型论中我们总是把两个同构的模型看成完全一样的, 也就是说它们在同构的意义上是一个模型. 这一点在可计算模型论中受到了挑战. 比如, Hambrok 和 Nurtazin 在 1974 年构造了一个可判定模型, 它与另一个可计算但不可判定的模型同构 [O]. Perety'kin 在 1973 年构造了一个完全可判定的理论 T, 它既不是 $\aleph_0$-范畴的, 也不是 $\aleph_1$-范畴的. 但在同构的意义上它只有一个可判定模型. 这样关于模型中结构的性质在同构下保持不变的思想被打破, 于是就有了下面的定义.

定义 10.1.6 从模型 $\mathcal{M}$ 到一个可计算模型 $\mathcal{N}$ 的一个同构称作 $\mathcal{M}$ 的一个可计算表现 (computable presentation). 而 $\mathcal{M}$ 的可计算维数就是在可计算同构 (即同构映射是可计算的) 意义下的 $\mathcal{M}$ 的可计算表现的个数.

具有可计算维数为 1 的模型称作是可计算范畴的 (computable categorical).

下面我们转到一些可计算理论的基本知识以及在可计算模型中的不同的情形.

一般说来, 一个有有穷语言的模型 $\mathcal{A}$ 的 Turing 度 (Turing degree) 是它的论域 A, 它的关系和函数的 Turing 度的最小上界. 因此, $\mathcal{A}$ 为可计算模型当且仅当它的 Turing 度为 0. 但是同构的模型可能有不同的 Turing 度. Jockosch 和 Soare[JS] 证明了存在不可计算的可计算枚举的线性序, 它不同构到任何可计算线性序.

§10.1 模型论及其概念的可计算化

为了证明下面的命题, 先引出可计算理论中著名的 s-m-n 定理. 其中 φ_e 是指第 e 个可计算函数.

命题 10.1.7(s-m-n 定理)   1) 对于任意的自然数 $m,n \geqslant 1$, 存在 $(n+1)$-元可计算函数 S_n^m 满足

$$\varphi_e(l_1,\cdots,l_m,k_1,\cdots,k_n) = \varphi_{S_n^m(e,l_1,\cdots,l_m)}(k_1,\cdots,k_n),$$

这里 $e,l_1,\cdots,l_m,k_1,\cdots,k_n \in \omega$.

2) 对于任意的自然数 $m,n \geqslant 1$, 以及任意的外部信息元 (oracle)$X \subseteq \omega$, 存在 $(m+1)$-元可计算函数 S_n^m 满足

$$\varphi_e^X(l_1,\cdots,l_m,k_1,\cdots,k_n) = \varphi_{S_n^m(e,l_1,\cdots,l_m)}^X(k_1,\cdots,k_n),$$

这里 $e,l_1,\cdots,l_m,k_1,\cdots,k_n \in \omega$.

定义 10.1.8   语言 $\mathcal{L}$ 中的相容的公式集 $\Gamma(\bar{x})$ 的特征函数 x 可定义为

$$\chi_{\Gamma(\bar{x})}(k) = \begin{cases} 1, & \text{假如 } \theta_k(\bar{x}) \in \Gamma(\bar{x}), \\ 0, & \text{否则}, \end{cases}$$

这里 $\theta_0(\bar{x}),\theta_1(\bar{x}),\cdots$ 是 $\mathcal{L}$ 中自由变元为 $\bar{x}$ 的所有公式的一个能行枚举. 这样, 公式集 $\Gamma(\bar{x})$ 是可计算的, 当且仅当它的特征函数是可计算的. 或者可以等价地说, $\Gamma(\bar{x})$ 是可计算的, 当且仅当集合 $\{n : \theta_n(\bar{x}) \in \Gamma(\bar{x})\}$ 是可计算的.

命题 10.1.9   在一个可判定模型中成立的完全型是可计算的.

证明   设 $\mathcal{M}$ 为可判定模型, $\mathrm{Th}(\mathcal{M})$ 的型 $\Gamma(x_0,\cdots,x_{n-1})$ 在 $\mathcal{M}$ 中成立, 亦即 $\mathcal{M} \vDash \Gamma(a_0,a_{n-1})$, 这里 $a_0,\cdots,a_{n-1} \in M$. 由于 $\mathcal{M}$ 可判定, 而且 $\varphi(x_0,\cdots,x_{n-1}) \in \Gamma \Leftrightarrow \mathcal{M} \vDash \varphi(a_0,\cdots,a_{n-1})$, 从而 Γ 是可计算的.

命题 10.1.10   如果 T 所有的完全型的集合均在 T 的一个可判定模型中成立, 则它是可计算理论.

证明   设 $\mathcal{M}$ 是 T 的一个可判定模型, $a_0,a_1,a_2,\cdots$ 是 M 的一个能行枚举. 选取 $g: M^{<\omega} \to \omega$ 为一可计算双射, 满足 $g(\bar{a}_i) = n$. 定义可计算函数 $f: \omega^2 \to \{0,1\}$ 如下

$$f(n,k) = \begin{cases} 1, & \text{如果 } \theta_k(\bar{a}) \text{ 在} \mathcal{M} \text{中成立}, \\ 0, & \text{否则}, \end{cases}$$

这里 $\theta_1, \theta_2, \theta_3, \cdots$ 为 $\mathcal{L}(T)$ 中自由变元为 $\bar{x}_i = (x_{i_0}, \cdots, x_{i_{n-1}})$ 的所有公式的一个能行枚举, 而 $\bar{x}_i$ 相应于 $\bar{a}_i = (a_{i_0}, \cdots, a_{i_{i-1}})$. 根据 s-m-n 定理, $f(n, k) = \varphi_{h(n)}(k)$, 这里 $h(n)$ 为某个可计算函数. 显然, $\{h(n) : n \in \omega\}$ 是可计算枚举集, 它是所有在 $\mathcal{M}$ 中成立的 T 的可计算型的编码集 (set of codes).

在下面命题中, Π_1^0 是指集合 A 满足 $x \in A \Leftrightarrow \forall y R(x, y)$, Π_2^0 是指集合 B 满足 $x \in B \Leftrightarrow \forall y \exists z R(x, y, z)$, 而 Σ_2^0 是指所有集合 C 满足 $x \in C \Leftrightarrow \exists y \forall z R(x, y, z)$. 这里 R 均为某个二元或三元关系.

命题 10.1.11 设 T 是可判定理论, 则

1) T 的所有可计算型的 Gödel 数为 Π_2^0 集;
2) T 的每个孤立型都是可计算型, 而 T 的所有孤立型的全体为 Π_1^0 集.

证明 对于给定变元的序列 $\bar{x}$, 设 $\theta_1, \theta_2, \cdots$ 为 $\mathcal{L}(T)$ 中的的自由变元包含在 $\bar{x}$ 中的所有公式的一个可计算枚举.

1) 对于 $e \in \omega$, φ_e 为变元在 $\bar{x}$ 中的 T 的可计算的特征函数当且仅当

$$\forall n \exists s \forall j \leqslant n \exists k_j \in \{0,1\}[\varphi_{e,s}(j) \downarrow = k_j \bigwedge T \vdash \exists \bar{x}(\bigwedge\{\theta_j^{k_j}(\bar{x}) : j \leqslant n\})],$$

这里 $\varphi_{e,s}$ 是指第 e 个可计算函数 φ_e 计算至第 s 步. 而 $\varphi_{e,s}(j) \downarrow$ 表示 φ_e 在计算至 s 步得出结果 k_j 并停机. 注意一切受有界量词的管辖的函数均为可计算函数.

2) T 的每一个孤立型都是由一个完备公式生成的, 从而是可计算的. 对于每一个 $i \in \omega$, 用 $\varnothing'$ 来决定 $\theta_i(\bar{x})$ 是否为完全公式. 即是说, $\theta_i(\bar{x})$ 是完备公式当且仅当

$$\forall j \exists k \in \{0,1\}[T \vdash \forall \bar{x}(\theta_i(\bar{x}) \to \theta_j^k(\bar{x})].$$

因此根据相对的 s-m-n 定理, 可以借助外部信息源 $\varnothing'$ 来枚举:

如果 $\theta_i(\bar{x})$ 为完备公式, 那么此孤立型由 $\theta_i(\bar{x})$ 生成; 如果 $\theta_i(\bar{x})$ 不为完备公式, 它就是 T 的任意固定的孤立型.

这样由于在 $\varnothing'$ 上可计算枚举的集合为 Σ_2^0, 从而所有孤立型的集合为 Σ_2^0 (在证明中 $\varnothing'$ 为可计算枚举集, 例如 $K = \{e : \exists s \exists y[\varphi_{e,s}(e) = y]\}$). ∎

§10.2 完全性定理的可计算化

以下是模型论中完全性定理的可计算形式.

定理 10.2.1 可判定理论有一个可判定模型.

证明 设 T 为语言 $\mathcal{L}$ 中的可判定理论. 下面我们将用 Henkin 的方法以能行的形式来获得一个 T 的相应的模型. 设 $c_0, c_1, c_2, \cdots$ 为无穷多个新常数的集合 C 的一个能行的一一枚举. 我们将采用归纳的方法能行地在语言 $\mathcal{L} \cup C$ 中构造一个完全的理论 Ψ 满足 $T \subseteq \Psi$. Ψ 是模型 $\mathcal{M}$ 的完全图, 这里 $\mathcal{M}$ 就是希望获得的 T 的模型.

注意 $\mathcal{M}$ 中包含 C 中常数的等价类. 这里所说的等价是指: 对于 $c, d \in C$, c 和 d 等价当且仅当公式 $c = d \in \Psi$. 设 $\Psi = \{\delta_0, \delta_1, \cdots\}$. δ_s 是在第 s 阶段定义的部分公式. 对于 $s > 0$, 设 $\Psi^s = \delta_0 \wedge \delta_1 \wedge \cdots \wedge \delta_{s-1}$.

构造 阶段 0 设 $\delta_0 = (c_0 = c_0)$.

阶段 $s = 2e + 1, e \in \omega$(在本阶段要找出 Henkin 的证据).

如果 δ_e 的形式为 $\delta_e = \exists x \theta(x)$, 那么就可以能行地找出最小的 i 使得 c_i 不在 Ψ^s 中出现, 并设 $\delta_s = \theta(c_i)$. 如果 δ_e 不为此形式则设 $\delta_s = (c_0 = c_0)$.

阶段 $s = 2e + 2, e \in \omega$(本阶段要使图完全化).

设 $\bar{c}$ 是所有已经出现在 $\Psi^S \Rightarrow \delta_e$ 中的常数序列. 假设在某个变元的有穷序列的能行枚举中, $\bar{x}$ 为第一个长度为 $|\bar{c}|$ 的变元序列, 且不出现在 $(\Psi^s \Rightarrow \delta_e)$ 中. 我们可以能行地 (effectively) 检查

$$T \vdash \forall \bar{x}(\Psi^s \Rightarrow \delta_e) \quad [\bar{x}/\bar{c}], \tag{*}$$

这里 $\bar{x}/\bar{c}$ 是指将公式 $\Psi^s \Rightarrow \delta_e$ 中的 $\bar{c}$ 换为 $\bar{x}$.

假如条件 (*) 为真, 设 $\delta_s = \sigma_e$, 否则的话设 $\delta_s = \neg \sigma_e$.

构造完毕.

注意因为 T 为可判定理论, 因此条件 (*) 可被能行地判定. 在第 $2e + 1$ 阶段, 我们能行地找出了 δ_s 的 Henkin 证据, 而在 $2e + 2$ 阶段, 能行地使 e 阶段的完全性

得到满足.

命题 10.2.2　每一个理论 T 的可计算型均可在 T 的某个可判定模型中满足.

证明　假定 $\Gamma = \Gamma(x_0, \cdots, x_{n-1})$ 是理论 T 中的一个可计算型. 设 $c_0, \cdots, c_{n-1}$ 为不在 Γ 中出现的常数. 这样 $T \cup \Gamma(c_0, \cdots, c_{n-1})$ 是语言 $\mathcal{L}(T) \cup \{c_0, \cdots, c_{n-1}\}$ 中的完全可判定理论. 因为它有可判定模型 $\mathcal{M}$. 将 $\mathcal{M}$ 限制到 $\mathcal{L}(T)$ 就是一个可判定模型, 并且 Γ 在此模型中满足. ∎

§10.3　可判定性和模型

由前几章可以看出, 量词可消去在模型论中其着重要的作用, 下面是它的可计算化.

定义 10.3.1　假如存在一个算法, 对于每一个 $\mathcal{L}$ 中的公式 $\theta(\bar{x})$ 都可以由这个算法找到一个相应的无量词公式 $\varphi(\bar{x})$ 使得 $T \vdash \theta(\bar{x}) \leftrightarrow \varphi(\bar{x})$, 则称 T 有能行的量词可消去 (effective elimination of quantifier).

例如, 代数闭域 (ACF) 就有能行的量词可消去, 其实 Tarski 就首先证明了这一点, 它直接给出了一个显性的算法, 有这个算法对每一个代数闭域的公式都可以找出一个等价的无量词公式.

下面的命题引自文献 [Mk2].

命题 10.3.2　设 T 为一可判定理论, 并且是量词可消去的, 那么 T 是能行量词可消去的.

证明　给定公式 $\varphi(\bar{x})$, 我们要搜寻满足 $T \vdash \varphi(\bar{x}) \leftrightarrow \psi(\bar{x})$ 的无量词公式 $\psi(\bar{x})$. 由于 T 是可判定的, 所以存在一个能行的搜索. 而 T 是量词可消去的, 所以最终我们能够找到 ψ. ∎

命题 10.3.3　1) 设 T 为一个有能行量词可消去的理论, 则 T 的每一个可计算模型都是 T 的可判定模型.

2) 设 T 是一个量词可消去的可计算枚举理论, 则 T 的每一个可计算模型都是 T 的可判定模型.

§10.3 可判定性和模型

证明 1) 假设 $\mathcal{M}$ 是 T 的一个可计算模型, 那么对于 T 的每一个无量词公式 $\varphi(\bar{x})$, 均可判定 $\mathcal{M} \vDash \varphi(\bar{a})$ 的真伪, $(\bar{a} \in \mathcal{M})$. 但 T 是能行量词可消去的, 所以它的任一公式均在 T 中等价到一个无量词公式, 从而它也是在 $\mathcal{M}$ 中可判定的.

2) 假如是可计算枚举的理论, 且量词可消去, 于是 T 是能行量词可消去, 从而由 1) 可得. ∎

回忆模型论中的省略型 (omitting type) 定理, 设 Γ 为某完全理论 T 的非孤立型, 那么存在 T 的一个可数模型 $\mathcal{M}$ 省略 Γ, 也就是说, $\mathcal{M} \nvDash \Gamma$.

下面是省略性定理在可计算模型中相应的形式.

定理 10.3.4 设 T 是完全的可判定理论, Γ 是 T 的可计算非孤立型, 则存在 T 的一个可判定模型省略 Γ.

证明 不失一般性, 假定 Γ 为 1-型, 即 $\Gamma(x)$. 设 $C, (\delta_i)_{i \in \omega}, \Psi = \{\delta_0, \delta_1, \delta_3, \cdots\}$, Ψ^s 和 $\mathcal{M}$ 如在 §10.2 能行完全性定理的证明中那样.

构造.

阶段 0 设 $\delta_0 = (c_0 = c_0)$.

阶段 $s = 3e + 1, e \in \omega$: 在本阶段中要能行地提供一个 Henkin 证据.

阶段 $s = 3e + 2, e \in \omega$: 本阶段系为满足省略型 Γ 的需要.

设 $\Psi^s = \Psi^s(c_e, \bar{c})$. 这里 c_e 不在 $\bar{c}$ 中出现, 可以能行地发现满足下式的第一个 Γ 中的公式 $\gamma(x)$

$$T \nvdash \forall z[\exists \bar{y} \Psi^s(z, \bar{y}) \to \gamma(z)], \quad (*)$$

这里 $(z, \bar{y})$ 为适当能行地选取的新变元的序列. 设

$$\delta_s = \neg \gamma(c_e).$$

阶段 $s = 3e + 3, e \in \omega$: 在此阶段要能行地实现图的完全型的第 e 个要求.

构造结束.

注意到阶段 $3e + 2$, 由于 Γ 是非孤立的, 相应的公式 γ 是存在的. 而由构造可知 $T \cup \{\exists z \exists \bar{y} \Psi^s(z, \bar{y})\}$ 为相容集. 条件 $(*)$ 可被能行地满足, 因为 T 可判定. 阶段

$3e+2$ 保证了 c_e 在 $\mathcal{M}$ 中的介释不能被 Γ 满足. 由于 $\mathcal{M}$ 中的每一个元素都是 C 中某常数的介释, $\mathcal{M}$ 不能使 Γ 满足.

另外, 对于任意的 n-型 Γ, 在阶段 $3e+2$ 可用 C 中的某个 n-元组的能行枚举来代替 $(c_i)_{i\in\omega}$.

回忆在模型论中一个理论的素模型 $\mathcal{M}_0$ 是指 $\mathcal{M}_0$ 可初等嵌入到 $\text{Th}(\mathcal{M})$ 的任意一个模型中. 下面有两个在这方面比较重要的结果. 由于证明较长, 限于篇幅, 我们只将结果列出而省去证明, 希望知道证明的读者可参阅 [Har]. 第一个结果属于 Goncharvon-Nurtazin[GN] 和 Harrington[Harr], 第二个结果属于 T. Millar[Mi].

定理 10.3.5 设 T 是完全的可判定理论, 则下面两条命题等价.

1) T 有可判定的素模型.
2) T 有素模型且 T 中的所有孤立型的集合是可计算的.

定理 10.3.6 存在完全的可判定理论 T, 它有素模型, 但没有可计算的素模型. 而且 T 所有的型都是可计算的.

从这两个定理可看出可计算模型论与通常意义下的模型论确有不同之处, 确有详细地进行研究的理由.

§10.4 有可计算素模型的强极小理论

我们注意到至今从事可计算模型论研究的数理逻辑学家原先大都从事可计算理论的研究, 比如 R. Soare 以及 Shore 和他们的学生们. 目前已经发表的可计算模型的论文大多只涉及到所谓古典模型论的内容 (以 C.C. Chang 和 Kersler 的书为代表). 最近情况有些改变, 有一些优秀的模型论工作者也参加了计算模型论的研究. 在本节中我们要介绍 C. Laskowski 和 S. Lempp 等人最近合作的一篇文章 [KLLS]. 我们知道前者研究模型论, 后者研究可计算理论. 在这篇文章中, 他们构造了一个强极小的模型, 而且是平凡的. 它的理论的素模型是可计算的, 而其他可计算模型是 $0''$ 可计算的. 由于该文的下半篇需要较多的可计算理论方面的预备知识, 我们只准备较详细地介绍前半篇, 有兴趣的读者可直接读原文. 下面我们就来构造这个模型.

§10.4 有可计算素模型的强极小理论

定义 10.4.1 称自然数集的有穷子集的无穷族 $\mathcal{F}$ 是几乎处处的 (almost everywhere, 或 a. e), 如果对于一切 $n \in \omega$, n 或者不存在于有穷多个 $\mathcal{F}$ 的成员中, 或者只存在于 $\mathcal{F}$ 的有穷多个成员中.

这样, 如果下述集合

$$I_F = \{n \in \omega | n \in X, 除有穷多个以外, \quad X \in \mathcal{F}\}$$
$$= \{n \in \omega | n \in X, 有无穷多个 X \in \mathcal{F}\}$$

是无穷的, 那么 $\mathcal{F}$ 有无穷极限.

为了构造希望的模型, 要首先引出一个所谓 s-cube(s-多维体) 的概念. 先看几个例子. 这里 $s \subseteq \omega$.

假定 $s = \{n_0\}$, 则 s-cube $= \{a_0, b_0\}$. 在 s-cube 上定义一个满足对称性的二元关系 F_{n_0}: $F_{n_0}(a_0, b_0)$ 成立, 但对于一切 $m \in \omega, m \neq n_0, F_m(a_0, b_0)$ 不成立. 然后在 s-cube 上定义一个自同构函数 f_{n_0}: $f_{n_0}(a_0) = b_0, f_{n_0}(b_0) = a_0$. 我们可以将 f_{n_0} 看成是由 F_{n_0} 引出的.

再设 $s = \{n_0, n_1\}$, 则 s-cube $= \{a_0, a_1, b_0, b_1\}$. 开拓 F_{n_0} 使得 $F_{n_0}(a_0, b_0)$, $F_{n_0}(a_1, b_1)$ 成立, 而对于一切 $m \in \omega, m \neq n_0, F_m(a_0, b_0), F_m(a_1, b_1)$ 均不成立. 再在 s-cube 上定义一个新的也是有对称性的二元关系 F_{n_1}: $F_{n_1}(a_0, a_1)$ 和 $F_{n_1}(b_0, b_1)$ 成立, 但对其他不是 n_1 的自然数, 它们均不成立. 定义 s-cube 自同构函数 f_{n_1}: $f_{n_1}(a_i) = a_{1-i}, f_{n_1}(b_i) = b_{1-i}$, 这里 $i = 1, 2$. 同样, 我们也可以看成 f_{n_1} 是由 F_{n_1} 引出的.

下面将 s 扩充至 3 个自然数的集合. 设 $s = \{n_0, n_1, n_2\}$. 从以上两个 $\{n_0, n_1\}$-cube(由 a_0, a_1, b_0, b_1 和 a'_0, a'_1, b'_0, b'_1 以及相应的关系给出), 再增加 $F_{n_2}(a_i, a'_i)$ 和 $F_{n_2}(b_i, b'_i)$ 两个关系构成. 然后由 F_{n_2} 引出函数 f_{n_2}. 它是两个 $\{n_0, n_1\}$-cube 上的自同构, 也是 $\{n_0, n_1, n_2\}$-cube 上的自同构. 如果把这些自同构结合起来, s-cube 的任何两个元素都有一个自同构连接起来.

有了以上 s-cube 的直观描述, 就可以正式地给出 s-cube 的归纳定义.

定义 10.4.2(s-cube 的归纳定义) 给定非空 $s \subseteq \omega$. 设 $s = \{n_0 < n_1 < \cdots\}$, s 的一个部分枚举 $s_k = \{n_0, n_1, \cdots, n_k\}$ 为 s 的前 $n+1$ 个元素构成的子集. 如果 s

为有穷集, 则 $k < |s|$.

设 s_0-cube $= \{x,y\}$-cube 为一个 $\mathcal{L}$-模型上的两个元素的集合, 它满足 $F_{n_0}(x,y)$, 而一切 $n \in \omega, n \neq n_0$, 都有 $\neg F_n(x,y)$.

s_{k+1}-cube 为两个 s_k-cube C_0 和 C_1 的并. 定义 $F_{n_{k+1}}$ 为 C_0 和 C_1 间的一个 $\mathcal{L}$-同构, 对于 $x_0 \in C_0, x_1 \in C_1$, 有 $F_{n_{k+1}}(x_0, x_1)$; 但对一切 $n \neq n_{k+1}$, 有 $\neg F_n(x_0, x_1)$.

对于无穷的 s, 定义 s-cube 为 s_k-cube 的极限. 它是 $\mathcal{L}$-模型的一个无穷子集 A, 满足对一切 $k \in \omega$, 每一个 $x \in A$ 都是唯一的一个 s_k-cube 中的元素, 而且满足对任何两个元素 $x_0, x_1 \in A$, 都有一个 F_i 关系的有穷链将它们联接起来.

这里应注意假如 $X \subsetneq Y$, 则 Y-cube 包含 X-cube. 如果一个 X-cube 不包含在另一个更大的 cube 中, 那么就称它做一个 X-分支. s-分支有两个重要性质. 第一, 任何 X-分支的两个元素都是自同构. 第二, 假如 x 是一个 s-分支的一个元素, 则存在 y 使得 $F_n(x,y) \Leftrightarrow n \in s$.

现在假定 $\mathcal{F}$ 是 ω 的有穷子集的几乎处处 (almost everywhere) 的族, 并有无穷极限 I_F. 下面将这个组编码到一个 $\mathcal{L}$-理论. 设 $\mathcal{A}_0$ 表示由 $\mathcal{F}$ 中每一个单个 X-分支构成的 $\mathcal{L}$-模型, $T_F = \text{Th}(\mathcal{A}_0)$. 我们要考察这个理论的某些模型论的性质.

引理 10.4.3 $\mathcal{A}_0$ 是 T_F 的原子模型. 而且对于任意非原子模型 $\mathcal{M} \models T_F$, 任意 $m \in M \setminus \mathcal{A}_0$, m 必在一个 I_F-分支内. 这样 T_F 的任何模型 $\mathcal{M}$ 均可表示为 $\mathcal{A}_0$ 和 k 个互不相交的 I_F-分支的并.

证明 首先证明 $\mathcal{A}_0$ 是 T_F 的原子模型. 固定 $a \in \mathcal{A}_0, X \in \mathcal{F}$, 使得 a 为 $\mathcal{A}_0$ 的某个 X-分支的一个元素. 由于 I_F 无穷, 故可选定 $i \in I_F \setminus X$. 由于 $\mathcal{F}$ 为一个几乎处处族, 所以有有穷多个 $Y \in \mathcal{F}$ 满足 $i \notin Y$. 比如说 $X_0, X_1, \cdots, X_{k-1}$ 为这些 $\mathcal{F}$ 中的成员, 且它们均不等于 X. 对于每一个 $0 \leq j < k$, 固定 n_j 使得或者 $n_j \in X \setminus X_j$ 或者 $n_j \in X_j \setminus X$. 设

$\psi_a(x) \equiv \exists y F_m(x,y)$ 对一切 $m \in X$ 成立

$\wedge$ 对一切固定的 $i \in I_F \setminus X$, 有 $\neg \exists y F_i(x,y)$
$\wedge$ 对一切 $0 \leq j < k$, 使得对固定的 n_j 满足 $n_j \in X_j \setminus X \wedge \neg \exists y F_{n_j}(x,y)$.

显然, 因为 $a \in X$-分支, 所以 a 满足 $\psi_a(x)$. 并且, 如果有 $b \in \mathcal{A}_0$ 且 $b \notin X-$

分支, 则可以断言 b 不满足 $\psi_a(x)$. 选取固定 $Y \in \mathcal{F}$ 使得 $b \in Y$-分支. 假如 $i \in Y$, $Y \neq X_j, 0 \leqslant j < k$, 则 b 不满足 $\neg \exists y F_i(x, y)$. 假定 $Y = X_j$, 这里 $0 \leqslant j < k$. 如果 $n_j \in X \setminus X_j$, 则 b 不满足 $\exists y F_{n_j}(x, y)$; 如果 $n_j \in X_j \setminus X$, 则 b 不满足 $\neg \exists y F_{n_j}(x, y)$. 这样, 满足 $\psi_a(x)$ 的 $\mathcal{A}_0$ 中的元素仅是那些 X-分支中的元素. 现在来证明 $\mathcal{A}_0$ 是 T_F 的素模型. 由上所述, 对于每一个 $k \notin X$, T_F 包含词句 $\neg \exists x, y(\psi_a(x) \wedge F_k(x, y))$(注意 $F_k(x, y)$ 表明 x, y 同属一个分支). 因此, 假如 $\mathcal{M}$ 是 T_F 的任意模型, $b \in \mathcal{M}$ 且满足 $\psi_a(x)$, 则 b 是一个 X-分支中的元素. 因为 $\mathcal{M}$ 必须包含这样的元素 b, 所以 $\mathcal{M}$ 包含一个 X-分支. 这样 $\mathcal{A}_0$ 可嵌入 $\mathcal{M}$, 从而它是一个素模型 (所以也是一个原子模型).

下面我们指出公式 $\psi_a(x)$ 生成的孤立型是代数的. 注意到 T_F 是说存在 $2^{|X|}$ 个元素满足 $\psi_a(x)$, 因为 X-分支有 $2^{|X|}$ 个元素. 由于 $\psi_a(x)$ 是完全公式, 由它生成的孤立型 $\Gamma_n(x)$ 只被 $2^{|X|}$ 个元素满足, 而 $|X|$ 有穷, 所以 $\psi_a(\mathcal{M})$ 有穷. 这样被 X-分支中的一个元素满足的孤立型是在空集 $\emptyset$ 上代数的.

我们还要证明, 如果 $\mathcal{M} \models T_F$ 不是素模型, 而且如果 $m \in M \setminus \mathcal{A}_0$ 则 m 包含在一个 I_F-分支中. 事实上, 可设 $I_F = \{i_0 < i_1 < i_2 < \cdots\}$ 是 I_F 的一个枚举 (不一定是能行的). 对于每一个 $k \in \omega$, 设 C_k 表示 Y-cube, 这里 $Y = \{i_0, i_1, \cdots, i_k\}$.

由于 X-分支是两个 cube 的并, 由 F_i 连接, 故可以把它们看作是连接图的一条边, 它是这个模型的由 F_i 连接起来的一部分. 现在设想 $\mathcal{M}$ 包含 a 和 b 之间的边. 如果对于某个 $i, F_i(a, b)$ 成立. 用图论的语言, 可以定义一个 $\mathcal{M}$ 中的 "开球" 的概念. 假定 $a \in M, k \in \omega, B(a, k)$ 是由所有满足由关系 $F_{i_0}, \cdots, F_{i_k}$ 来测定的 a 和 b 之间的距离小于或等于 k 的那些 b 的集合, 即

$$B(a, k) = \{b \in M | d(a, b) \leqslant k\}$$
$$= \{b \in M | F_{j_1}(a, a_0) \wedge \cdots \wedge F_{j_l}(a_{l-1}, b), \{j_1, \cdots, j_l\} \subseteq \{i_1, \cdots, i_k\}, l \leqslant k\}.$$

由 $\mathcal{F}$ 的性质, 对于任意固定的 $k \in \omega$, 几乎所有的 $a \in M$ 均在 I_F 的一切 X-分支中, 所以它们都满足 $B(n, k) \cong C_k$, 这里 C_k 是 $\{i_0, i_1, \cdots, i_k\}$-cube. 对于 $k \in \omega$, 只有同样个数例外的 a 点使得 $B(a, k) \not\cong C_k$, 它们在 $\mathcal{A}_0$ 中, 从而在 $\mathcal{M}$ 中. 因此, 这些例外的点都来自 $\mathcal{M}$ 中的有穷多个 $\mathcal{A}_0$ 的分支中. 由于对于 $k \in \omega, a \in M \setminus \mathcal{A}_0$, 满足 $B(a, k) \cong C_k$. 每个这样的 a 都在一个 I_F 中. 而且, 因为在一个 I_F 的分支中的任意两点都在一个同自构中, 所以任意两个 $M \setminus \mathcal{A}_0$ 中的元素满足同样的 1-型. 这样, 在 T_F 的任意非素模型 $\mathcal{M}$ 中, 存在唯一的一个非孤立的 1-型, 它也不是代数

的.

定义 10.4.4 称模型 $\mathcal{M}$ 是平凡的 (trivial), 如果对于一切 $A \subseteq M$, 都有 $\text{acl}(A) = \bigcup_{a \in A} \text{acl}(\{a\})$. 如果理论 T 的每一个模型都是平凡的, 则称 T 是平凡的理论.

下面我们来证明 $\mathcal{A}_0$ 的理论 T_F 是强极小的.

引理 10.4.5 理论 T_F 是强极小的.

证明 设 $\mathcal{M} \vDash T_F, \bar{b} \in M, \psi(x, \bar{b})$ 为一公式. 为要证明 T_F 是强极小的, 我们需要证明或者 $\{m \in M' | M' \vDash \psi(m, \bar{b})\}$ 或者 $\{m \in M' | M' \vDash \neg\psi(m, \bar{b})\}$ 对于 $\mathcal{M}$ 的任意初等开拓 M' 是有穷的. 设 $\mathcal{L}_{\bar{b}}$ 为语言 $\mathcal{L}$ 限制到出现在 $\psi(x, \bar{b})$ 中的那些边关系 (即前面所说的关系 F_i), 那么 $M' \upharpoonright \mathcal{L}_{\bar{b}}$ 是互不相交的 X-cube 的并. X 为有穷集, 它仅包含在 $\psi(x, \bar{b})$ 中出现的那些边关系的指标 I_0, 而且除有穷多个 cube 以外, 全都是 X_0-cube, 这里 $X_0 = I_F \cap I_0$, 但不包含 $\bar{b}$ 中的参数. 由于在 $M' \upharpoonright \mathcal{L}_{\bar{b}}$ 的自同构群中 $\bar{b}$ 的稳定核 (stabilizer)

$$\text{stab}(\bar{b}) = \{g \in \text{Aut}(M' \upharpoonright \mathcal{L}_{\bar{b}}) | g(\bar{b}) = \bar{b}\}$$

在所有那些 X_0-cube 的并 U_0 上是 1-传递的, U_0 是 M' 的补有穷子集, 它或者完全包含在 $\{m \in M' | M' \vDash \psi(m, \bar{b})\}$ 中或者完全包含在 $\{m \in M' | M' \vDash \neg\psi(m, \bar{b})\}$, 从而 T_F 是强极小的理论. ∎

引理 10.4.6 理论 T_F 是平凡的.

证明略.

习 题 十

1. 证明整数集中的素数集为可计算集.
2. 证明 $(\omega, +, \cdot)$ 是可计算模型, 但不是可判定模型.

参 考 文 献

[A] Ax. The elementary theory of finite fields. Annals of Math., 1968, 88.

[Ba] J. Baldwin. Fundamentals of Stability Theory. Springer-Verlag, 1988.

[Bar] B. Barwise. Handbook of Mathematical Logic. Amsterdam: North-Holland, 1977.

[Bl] T. Blyth. Lattices and Ordered Algebraic Structures. Springer, 2005.

[Blu] L. Blum. Differentially closed fields: a model theoretic tour, in Constructions to Algebra. H. Bass, Phyllis J. Cassidy and Jerald Kovaciec, eds.. New York: Academic Press, 1977.

[BL] J. Baldwin and A. Lachlan. On strongly minimal sets. J. Sym. Logic, 1971, 36: 79–96.

[Bu] S. Buechler. Essential Stability Theory. Springer, 1991.

[CJ] B. F. Caviness and J. R. Johnson, eds.. Quantifier Elimination and Cylindric Algebraic Decomposition. New York: Springer-Verlag, 1998.

[CK] C. Chang and H. Keisler. Model Theory. North-Holland, 3rd ed., 1990.

[CDM] Z. Chatzidakis, L. van den Dries, and A. Macintyre. Definable sets over finite fields. J. Reine Angew. Math., 1992, 427: 107–135.

[Cr] J. N. Crossley. Fifty years of computability. Southeast Asian Bulletin of Mathematics, 1988, 11: 81–99.

[De] J. Denef. The rationality of Poincare series associated to the p-adic points on a variety. Invent. Math., 1984, 77: 1–23.

[Dev] K. Devlin. Constructibility. New York: Springer-Verlag, 1984.

[Do] K. Doets. Basic Model Theory, Center for the study of Language and Information. Stanford, California, 1996.

[Dr] L. van den Dries. Some applications of a model theoretic fact to (semi-)algebraic geometry. Indag. Math., 1982, 4: 397–401.

[Dr2] L. van den Dries. Tame Topology and o-minimal structures. Cambridge, UK: Cambridge University Press, 1998.

[DMM] L. van den Dries, D. Marker and G. Martin. Definable equivalence relations on algebraically closed fields. J. Sym. Logic, 1989, 54: 929–935.

[F] S. Feuersten. Quantifier elimination for Stone algebras. Archive for Mathematical Logic, 1989, 28: 75–89.

[G] F. Gouvea. p-adic Numbers. Spring-Verlag, 1991.

[GN] S.S. Gonoharov and A.T. Nurtazin. Constructive models of complete decidable theories (Russian). Algebra i Logica, 1973, 12: 125-142, 243; English translation in Algebra and Logic, 1973, 12: 67–77.

[Har] V.S. Harzanov. Pure computable model theory. in Handbook of Recursive Mathematics, vol. 1, preprint.

[Harr] L. Harrington. Recursively presentable prime models. J. Sym. Logic, 1974, 39: 305–309.

[Has] D. Haskell. A transform theorem in constructive p-adic algebra. A. of Pure and Applied Logic, 1992, 58: 29–55.

[Ho] W. Hodges. Model Theory. Cambridge University Press, 1993.

[Hr] E. Hrushovski. Strongly minimal expansions of algebraically closed fields. Isr. J. Math., 1992, 79: 129–151.

[HM] D. Haskell, and D. Macpherson. A version of o-minimality for the p-adics. J. of Sym. Logic, 1997, 62: 1075–1092.

[JS] C.G. Jockosch, Jr and R.I. Soare. Degrees of orderings and isomorphic to recursive linear orderings. Ann. Pure and Appl. Logic, 1991, 52: 39–61.

[Ka] I. Kaplansky. An Introduction to Differential Algebra. Paris: Hermann, 1957.

[Kob] N. Koblitz. p-adic Analysis, and Zeta-Functions, 2nd ed.. Spring-Verlag, 1984.

[Kol] E. Kolchin. Constrained extensions of differential fields. Adv. Math., 1974, 12: 141–170.

[KK] G. Kreisel and J.L. Krivine. Foundations of Mathematical Logic: Model Theory. New York: Dunod, 1967.

[KP] B. Kim and A. Pillay. From Stability to simplicity. Bull. Sym. Logic, 1998, 4: 17–36.

[KLLS] B. M. Khousainov, M. C. Laskowski, S. S. Lumpp, and R. Solomon. On the computability-theretic complexity of trivial strongly minimal models. Amer. Math. Soc, 2007, 35: 3711–3721.

[L] S. Lang. Algebra. Addision-Wesley, 1971.

[Ma1] A. Macintyre. On definable subsets of p-adic fields. J. of Sym. Journal, 1976, 41: 605–610.

[Ma2] A. Macintyre. Twenty years of p-adic model theory. in Logic Colloquium. ed. Barwise,etc, 1984.

[Mi1] T.S. Millar. Prime models and almost decidability. J. Sym. Logic, 1986, 51: 412–420.

[Mk1] D. Marker. Introduction to the Model Theory of Fields // D. Marker, M. Messmer, and A. Pillay. Model Theory of Fields. Springer, 1991.

[Mk2] D. Marker. Model Theory: An Introduction. Springer, 2002.

[Mk3] D. Marker. Model theory of differential fields // D. Marker, M. Messmer, and A. Pillay. Model Theory of Fields. Springer, 1991.

[MMD] A. Macintyre, K. McKenna and L. van den Dries. Quantifier elimination in algebraic structures. Adv. in Math., 47 (1983).

[MMP] D. Marker, M. Messmer, and A. Pillay. Model Theory of Fields. Springer, 1991.

[Mo] M. Morley. Categoricity in power. Trans. Am. Math. Soc. 1965, 114: 514–538.

[MPP] D. Marker, Y. Peterzil, and Pillay. Aditive reducts of real fields. J. Sym. Logic, 1992, 57: 109–117.

[NW] L. Newelski and R. Wencel. Definable sets in Boolean ordered o-minimal structures I. J. Sym. Logic, 2001, 66: 1821–1835.

[O] P. Odifreddi. Classical Recursion Theory. The Theory of Functions and Sets of Natural Numbers. Studies in Logic and Fund. of Math., 1989, 125.

[Pi1] A. Pillay. Model theory of algebraically closed fields, in Stability Theory and Algebraic Geometry, an Introduction (Proceedings of Manchester Workshop). E. Bouscaren and D. Lascar ed., preprint.

[Pi2] A. Pillay. An Introduction to Stability Theory. Oxford Science Publication. Oxford, UK, 1983.

[Pi3] A. Pillay. Geometric Stability Theory. Oxford Science Publication. Oxford, UK, 1996.

[Po] B. Poizat. Course de Theries des Modeles. Nur al. Mantiq wal-Marifah. Villeurbanne, 1987.

[Pra] A. Prestel. Lectures on Formally Real Fields. Springer-Verlag, 1980.

[Prm] M. Prest. Model Theory and Modules. Cambridge, UK: Cambridge University Press, 1988.

[PR] A. Prestel and P. Roquette. Formally p-adic Fields. Spring-Verlag, 1984.

[PS] A. Pillay an C. Steinhorn. Definable sets in ordered structures I. Trans. Am. Math. Soc., 1980, 295: 565–593.

[PSS] A. Pillay, P. Scowcroft, and C. Steinhorn. Between groups and rings. Rocky Mountain J. of Math., 1989, 19: 871–885.

[S1] 史念东 (N. Shi). 稳定性和单纯性理论. 科学出版社, 2004.

[S2]　N. Shi. Splitting recursively enumerable subalgebras in recursive Boolean algebras. Acta Mathematica Sinica (English) New series, 1988, 4: 14–17.

[Sch]　P. Schimitt. The model completion of Stone algebras. Ann. Sci., Univ. Clermont, 1976, 13: 135–155.

[SCS]　N. Shi, G. Cherin, and S. Shelah. Universal graphs with forbidden subgraphs and algebraic closure. Advance in Applied Mathematics, 1999, 22: 454–491.

[SCW]　N. Shi, L. Chen, and G. Wu. On definable sets of Stone algebras, preprint, 2010.

[She]　沈复兴. 模型论导引. 北京师范大学出版社, 1998.

[T]　C. Toffalori. Lattice ordered o-minimal structures. Notre Dam J. Formal Logic, 1998, 39: 447–463.

[Wa]　王世强. 模型论基础. 科学出版社, 1987.

[We1]　R. Wencel. Small theories of Boolean ordered o-minimal structures. J. Sym. Logic, 2002, 67: 1385–1390.

[We2]　R. Wencel. Definable sets in Boolean ordered o-minimal structures II. J. Sym. Logic, 2003, 68: 35–51.

[Wo]　C. Wood. The model theory of differential fields revisited. Israel J. of Math., 1976, 25: 331–352.

[ZR]　B. Zil'ber and E.F. Rabinovich. Additive reducts of algebraically closed fields, 1988, preprint.

汉英名词对照表

A

阿基米德的 Archimedian

B

半代数集 semi-algebraic set
半格 semi-lattice
    交 ~~ meet semi-lattice
    并 ~~ joint semi-lattice
半孤立型 semi-isolated type
并运算 joint operation
补元 complemented element
布尔代数 Boolean algebra

C

稠密线性序 dense linear order
初等(基本)等价 elementary equivalence
初等(基本)子模型 elementary submodel
初等开拓 elementary extension
初等嵌入 elementary embedding
传递律 transitive law

D

代数闭包 algebraic closure
代数闭域 algebraically closed field
代数闭域的超越度 transcendental degree of an algebraically closed field
代数闭域的特征 characteristic of an algebraically closed field
代数的 algebraic
代数开拓 algebraic extension
单纯理论 simple theory
单元可分解性 cell-decomposition

等价关系 equivalence relation

E

Eršov 的不变数 Eršov invariance
二分随机图 bipartite graph

F

反对称律 antisymmetric law
仿射簇 affine variety
分叉 forking
分划 partition
赋值 evaluation

G

哥德尔数 Gödel number
哥德尔完全性定理 Gödel completeness theorem
格 lattice
    有补 ~~ complemented lattice
根式理想 radical ideal
共轭型 conjugate type
孤立型 isolated type
骨架 skeleton

H

后继函数 success function

J

基 base
    典范 ~~ canonical base
基数 cardinal number
交换原理 exchange principle
交运算 joint operation

K

开圆 open disc
可除阿贝尔群 divisible Abelian group
可定义集 definable set
可分闭域 separably closed field
可公理化的 axiomatizable
可构成集 constructive set
可计算 (递归) 集 computable (recursive) set
可计算 (递归) 关系 computable (recursive) relation
可计算 (递归) 函数 computable (recursive) function
可计算范畴 computable category
可计算枚举集 computably (recursively) enumerable set
可判定的 decidable
可序化的 orderable
κ-范畴的 κ-categorical

L

理论 theory
量词可消去 elimination of quantifier
邻域 neighborhood
路径 path

M

模式的 modular
    局部模式的 ~~ locally modular
模型 model
    饱和 ~~ saturated ~~
模型完全的 model complete

N

能行的量词可消去 effective elimination of quantifier

O

o-极小结构 o-minimal structure

P

p-进位闭域 p-adic field
排斥 omitting
膨胀 expansion, extension
    语言的 ~~ extension of language
    模型的 ~~ expansion of model
偏序集 partially ordered set

Q

强 o-极小理论 strongly o-minimal theory
强代数的 strongly algebraic
强极小理论 strongly minimal structure
群 group

R

认知 realization
弱映像可消去 weak elimination of imaginary

S

Stone 代数 Stone algebra
省略 omitting
省略型 omitting type
实闭域 real closed field
实代数 real algebra
实理想 real ideal
实现 realization
实域 real field
树结构 tree structure
素模型 prime model
    可计算 ~~ computable prime model
随机图 random graph

T

特征函数 characteristic function
凸子结构 convex substructure
图 graph

W

完备公式 complete formula
完全理论 complete theory
微分闭域 differentially closed field
微分超越的 differentially transcendental
微分代数的 differentially algebraic
微分理想 differential ideal
微分秩 differential rank
伪补格 pseudocomplemented lattice
伪补元 pseudocomplemented element
稳定的理论 stable theory
  ω- 稳定的理论 w-stable theory
  超稳定的理论 superstable theory

X

线形序结构 linear ordered structure
线性群 linear ordered group
相容的 consistent
型 type

Y

映像可消去 elimination of imaginary

Z

中值性质 intermediate value property
主分解定理 primary decomposition
转换 (一个等价关系的 ~~) transversal (of an equivalence relation)
准几何 pre-geometry
准正锥 pre-cone
自反律 reflexive law
最小多项式 minimal polynomial

《现代数学基础丛书》已出版书目

1. 数理逻辑基础(上册) 1981.1 胡世华 陆钟万 著
2. 数理逻辑基础(下册) 1982.8 胡世华 陆钟万 著
3. 紧黎曼曲面引论 1981.3 伍鸿熙 吕以辇 陈志华 著
4. 组合论(上册) 1981.10 柯召 魏万迪 著
5. 组合论(下册) 1987.12 魏万迪 著
6. 数理统计引论 1981.11 陈希孺 著
7. 多元统计分析引论 1982.6 张尧庭 方开泰 著
8. 有限群构造(上册) 1982.11 张远达 著
9. 有限群构造(下册) 1982.12 张远达 著
10. 测度论基础 1983.9 朱成熹 著
11. 分析概率论 1984.4 胡迪鹤 著
12. 微分方程定性理论 1985.5 张芷芬 丁同仁 黄文灶 董镇喜 著
13. 傅里叶积分算子理论及其应用 1985.9 仇庆久 陈恕行 是嘉鸿 刘景麟 蒋鲁敏 编
14. 辛几何引论 1986.3 J.柯歇尔 邹异明 著
15. 概率论基础和随机过程 1986.6 王寿仁 编著
16. 算子代数 1986.6 李炳仁 著
17. 线性偏微分算子引论(上册) 1986.8 齐民友 编著
18. 线性偏微分算子引论(下册) 1992.1 齐民友 徐超江 编著
19. 实用微分几何引论 1986.11 苏步青 华宣积 忻元龙 著
20. 微分动力系统原理 1987.2 张筑生 著
21. 线性代数群表示导论(上册) 1987.2 曹锡华 王建磐 著
22. 模型论基础 1987.8 王世强 著
23. 递归论 1987.11 莫绍揆 著
24. 拟共形映射及其在黎曼曲面论中的应用 1988.1 李忠 著
25. 代数体函数与常微分方程 1988.2 何育赞 萧修治 著
26. 同调代数 1988.2 周伯壎 著
27. 近代调和分析方法及其应用 1988.6 韩永生 著
28. 带有时滞的动力系统的稳定性 1989.10 秦元勋 刘永清 王联 郑祖庥 著
29. 代数拓扑与示性类 1989.11 [丹麦] I.马德森 著
30. 非线性发展方程 1989.12 李大潜 陈韵梅 著

编号	书名	出版时间	作者
31	仿微分算子引论	1990.2	陈恕行　仇庆久　李成章　编
32	公理集合论导引	1991.1	张锦文　著
33	解析数论基础	1991.2	潘承洞　潘承彪　著
34	二阶椭圆型方程与椭圆型方程组	1991.4	陈亚浙　吴兰成　著
35	黎曼曲面	1991.4	吕以辇　张学莲　著
36	复变函数逼近论	1992.3	沈燮昌　著
37	Banach 代数	1992.11	李炳仁　著
38	随机点过程及其应用	1992.12	邓永录　梁之舜　著
39	丢番图逼近引论	1993.4	朱尧辰　王连祥　著
40	线性整数规划的数学基础	1995.2	马仲蕃　著
41	单复变函数论中的几个论题	1995.8	庄圻泰　杨重骏　何育赞　闻国椿　著
42	复解析动力系统	1995.10	吕以辇　著
43	组合矩阵论(第二版)	2005.1	柳柏濂　著
44	Banach 空间中的非线性逼近理论	1997.5	徐士英　李　冲　杨文善　著
45	实分析导论	1998.2	丁传松　李秉彝　布　伦　著
46	对称性分岔理论基础	1998.3	唐云　著
47	Gel'fond-Baker 方法在丢番图方程中的应用	1998.10	乐茂华　著
48	随机模型的密度演化方法	1999.6	史定华　著
49	非线性偏微分复方程	1999.6	闻国椿　著
50	复合算子理论	1999.8	徐宪民　著
51	离散鞅及其应用	1999.9	史及民　编著
52	惯性流形与近似惯性流形	2000.1	戴正德　郭柏灵　著
53	数学规划导论	2000.6	徐增堃　著
54	拓扑空间中的反例	2000.6	汪林　杨富春　编著
55	序半群引论	2001.1	谢祥云　著
56	动力系统的定性与分支理论	2001.2	罗定军　张祥　董梅芳　著
57	随机分析学基础(第二版)	2001.3	黄志远　著
58	非线性动力系统分析引论	2001.9	盛昭瀚　马军海　著
59	高斯过程的样本轨道性质	2001.11	林正炎　陆传荣　张立新　著
60	光滑映射的奇点理论	2002.1	李养成　著
61	动力系统的周期解与分支理论	2002.4	韩茂安　著
62	神经动力学模型方法和应用	2002.4	阮炯　顾凡及　蔡志杰　编著
63	同调论——代数拓扑之一	2002.7	沈信耀　著
64	金兹堡-朗道方程	2002.8	郭柏灵　黄海洋　蒋慕容　著

65	排队论基础	2002.10	孙荣恒	李建平		著
66	算子代数上线性映射引论	2002.12	侯晋川	崔建莲		著
67	微分方法中的变分方法	2003.2	陆文端			著
68	周期小波及其应用	2003.3	彭思龙	李登峰	谌秋辉	著
69	集值分析	2003.8	李雷	吴从炘		著
70	强偏差定理与分析方法	2003.8	刘文			著
71	椭圆与抛物型方程引论	2003.9	伍卓群	尹景学	王春朋	著
72	有限典型群子空间轨道生成的格(第二版)	2003.10	万哲先	霍元极		著
73	调和分析及其在偏微分方程中的应用(第二版)	2004.3	苗长兴			著
74	稳定性和单纯性理论	2004.6	史念东			著
75	发展方程数值计算方法	2004.6	黄明游			编著
76	传染病动力学的数学建模与研究	2004.8	马知恩	周义仓	王稳地	靳祯 著
77	模李超代数	2004.9	张永正	刘文德		著
78	巴拿赫空间中算子广义逆理论及其应用	2005.1	王玉文			著
79	巴拿赫空间结构和算子理想	2005.3	钟怀杰			著
80	脉冲微分系统引论	2005.3	傅希林	闫宝强	刘衍胜	著
81	代数学中的Frobenius结构	2005.7	汪明义			著
82	生存数据统计分析	2005.12	王启华			著
83	数理逻辑引论与归结原理(第二版)	2006.3	王国俊			著
84	数据包络分析	2006.3	魏权龄			著
85	代数群引论	2006.9	黎景辉	陈志杰	赵春来	著
86	矩阵结合方案	2006.9	王仰贤	霍元极	麻常利	著
87	椭圆曲线公钥密码导引	2006.10	祝跃飞	张亚娟		著
88	椭圆与超椭圆曲线公钥密码的理论与实现	2006.12	王学理	裴定一		著
89	散乱数据拟合的模型、方法和理论	2007.1	吴宗敏			著
90	非线性演化方程的稳定性与分歧	2007.4	马天	汪宁宏		著
91	正规族理论及其应用	2007.4	顾永兴	庞学诚	方明亮	著
92	组合网络理论	2007.5	徐俊明			著
93	矩阵的半张量积：理论与应用	2007.5	程代展	齐洪胜		著
94	鞅与Banach空间几何学	2007.5	刘培德			著
95	非线性常微分方程边值问题	2007.6	葛渭高			著
96	戴维-斯特瓦尔松方程	2007.5	戴正德	蒋慕蓉	李栋龙	著
97	广义哈密顿系统理论及其应用	2007.7	李继彬	赵晓华	刘正荣	著
98	Adams谱序列和球面稳定同伦群	2007.7	林金坤			著

99	矩阵理论及其应用　2007.8　陈公宁　编著	
100	集值随机过程引论　2007.8　张文修　李寿梅　汪振鹏　高勇　著	
101	偏微分方程的调和分析方法　2008.1　苗长兴　张波　著	
102	拓扑动力系统概论　2008.1　叶向东　黄文　邵松　著	
103	线性微分方程的非线性扰动(第二版)　2008.3　徐登洲　马如云　著	
104	数组合地图论(第二版)　2008.3　刘彦佩　著	
105	半群的 S-系理论(第二版)　2008.3　刘仲奎　乔虎生　著	
106	巴拿赫空间引论(第二版)　2008.4　定光桂　著	
107	拓扑空间论(第二版)　2008.4　高国士　著	
108	非经典数理逻辑与近似推理(第二版)　2008.5　王国俊　著	
109	非参数蒙特卡罗检验及其应用　2008.8　朱力行　许王莉　著	
110	Camassa-Holm 方程　2008.8　郭柏灵　田立新　杨灵娥　殷朝阳　著	
111	环与代数(第二版)　2009.1　刘绍学　郭晋云　朱彬　韩阳　著	
112	泛函微分方程的相空间理论及应用　2009.4　王克　范猛　著	
113	概率论基础(第二版)　2009.8　严士健　王隽骧　刘秀芳　著	
114	自相似集的结构　2010.1　周作领　瞿成勤　朱智伟　著	
115	现代统计研究基础　2010.3　王启华　史宁中　耿直　主编	
116	图的可嵌入性理论(第二版)　2010.3　刘彦佩　著	
117	非线性波动方程的现代方法(第二版)　2010.4　苗长兴　著	
118	算子代数与非交换 L_p 空间引论　2010.5　许全华　吐尔德别克　陈泽乾　著	
119	非线性椭圆型方程　2010.7　王明新　著	
120	流形拓扑学　2010.8　马天　著	
121	局部域上的调和分析与分形分析及其应用　2011.4　苏维宜　著	
122	Zakharov 方程及其孤立波解　2011.6　郭柏灵　甘在会　张景军　著	
123	反应扩散方程引论(第二版)　2011.9　叶其孝　李正元　王明新　吴雅萍　著	
124	代数模型论引论　2011.10　史念东　著	
125	拓扑动力系统——从拓扑方法到遍历理论方法　2011.12　周作领　尹建东　许绍元　著	
126	Littlewood-Paley 理论及其在流体动力学方程中的应用　2012.3　苗长兴　吴家宏　章志飞　著	
127	有约束条件的统计推断及其应用　2012.3　王金德　著	
128	混沌、Mel'nikov 方法及新发展　2012.6　李继彬　陈凤娟　著	
129	现代统计模型　2012.6　薛留根　著	
130	金融数学引论　2012.7　严加安　著	
131	零过多数据的统计分析及其应用　2013.1　解锋昌　韦博成　林金官　著	

132　分形分析引论　2013.6　胡家信　著
133　索伯列夫空间导论　2013.8　陈国旺　编著
134　广义估计方程估计方程　2013.8　周　勇　著
135　统计质量控制图理论与方法　2013.8　王兆军　邹长亮　李忠华　著
136　有限群初步　2014.1　徐明曜　著
137　拓扑群引论(第二版)　2014.3　黎景辉　冯绪宁　著
138　现代非参数统计　2015.1　薛留根　著